로봇신문 조규남 칼럼집

로봇이 있어 행복한 세상

새벽처럼 깨어있어라

부지런히 노력하는 것을 즐겨라 자기의
마음을 지켜라 자기를 위험한 곳에서
구출하라 진흙에 빠진 코끼리가 그 자신을
끌어 내듯 법구경 말씀

■ 머리말 ■

2013년 처음 '로봇신문'을 창간할 때, 로봇산업은 2000년대 초반부터 정부의 미래 성장 동력 아이템에서 빠지지 않고 등장하는 단골 메뉴였다. 미래 로봇 시대가 꼭 올 것이라는 나름의 확신이 있었던 나는 로봇을 주제로 한 매체를 만들기로 결심했다.

그리고 7년여의 세월이 흐른 지금, 여전히 로봇산업은 정부의 미래 성장 동력 중 하나이며, 과거의 내가 확신에 차서 했던 선택은 틀리지 않았음을 세상이 하나씩 증명해주고 있다.

창간 후 7년의 시간이 흐르는 동안 많은 서비스 로봇들이 등장하면서 우리는 로봇과 함께 하는 세상을 벌써 마주하고 있다. 하지만 나는 진정한 로봇 시대는 공장 자동화에서 오는 것이 아니라 우리가 살아가는 일상생활 속에서 다양한 로봇들을 직접 사용할 때 비로소 가능하다고 생각한다.

인간을 위한 편리한 로봇이 생겨난 지 이제 겨우 이십여 년밖에 지나지 않았지만, 우리가 느끼지 못하는 사이에 이미 로봇 시대에 살고 있다. 시간이 더 흐른 뒤에는 인공지능이나 머신 러닝 기술이 접목되어 더 똑똑하게 변화한 로봇이 인간의 행복한 삶을 도울 것이다. 그러면 우리는 인간과 로봇이 공존하는 세상에서 지금보다 더 편리한 생활을 하게 될 것이다. 어찌 로봇이 있어 우리 삶이 행복하지 않겠는가.

로봇과 인공지능 발전으로 인간 일자리가 사라진다는 비관론도 존재하지만, 로봇과 인공지능 발전이 새로운 일자리를 창출하면서 일자리 총량은 유지될 것이라는 낙관론도 존재한다.

하지만 지금 중요한 것은 글로벌 로봇 시대에 우리나라만 뒤처질 수 없다는 것이다. 우리나라는 산업용 로봇 기준으로 세계 4대 로봇 강국이다. 4차 산업혁명 시대를 맞아 로봇에게 단순 반복적이고 힘들고 지루한 일을 맡긴다면 인간은 좀 더 창의적인 일에 몰두하면서 인생을 살아갈 수 있다. 로봇이 있어 행복한 인생은 바로 우리 눈앞에 와 있다.

미래를 보고 선택한 이 길이 나는 옳다고 믿으며, 로봇과 함께 할 수 있어 정말 행복하다. 그리고 로봇이 있어 행복한 이 마음을 영원히 간직하고 싶다.

이 책은 단순한 나의 칼럼집이 아니라 내가 '로봇신문' 창간과 함께 행복한 마음으로 7년간 생활하며 살아온 나의 인생 이야기이기도 하다. 독자들에게도 나의 이러한 행복한 마음이 똑같이 전달되었으면 좋겠다. 책을 읽다 보면 때로는 정부 정책에 답답하기도 하고 필자의 견해와 다를 수도 있겠지만 국내 로봇산업 발전을 위한 로봇인의 한 사람으로서의 애정으로 이해해주면 좋겠다.

2020년은 로봇이라는 용어가 탄생한 지 꼭 100년이 되는 의미 있는 해이다. 이런 해에 《로봇이 있어 행복한 세상》 이라는 개인 칼럼집을 출간하게 되어 기쁘면서도 조금은 부끄럽다.

이 책을 나의 예쁜 아내, 듬직한 아들, 집안의 마스코트 딸 그리고 지금 이 순간도 항상 막내 동생 걱정에 마음을 졸이고 계신 누님, 형님과 이제는 모두 고인이 되신 부모님께 바치며 모두 모두 많이 사랑한다고 전하고 싶다.

2020년 1월 신문사에서
조규남 씀

▪ 목 차 ▪

제1장 내가 바라본 로봇산업

제2장 서비스 로봇의 싱귤러리티

제3장 새벽처럼 깨어 있어라

제4장 아직 요원한 세계 최고의 로봇 활용 국가

제5장 선도 연구로 로봇산업 '캐즘' 극복해야

제6장 자동차의 본질과 로봇의 4가지 본질

제7장 로봇이 있어 행복한 세상

부록

제1장

내가 바라본 로봇산업

4차 산업혁명과 로봇산업
2020 국내 로봇이슈 전망
2019 국내 로봇이슈 전망
로봇산업 도약, 지금이 기회다
2018년 새해에도 국내 로봇업계 도약하길…
산업용 로봇의 뉴 패러다임, '협동 로봇'
벼랑 끝에 선 국내 제조용 로봇
산업용 로봇 육성 방안을 모색해야 할 때
로봇에 대한 지나친 기우
2014년 로봇 기업에 거는 기대

4차 산업혁명과 로봇산업_2018. 10. 1

* 이 글은 대한전자공학회지 45권 9호(2018년 9월) 특집 '4차 산업혁명 시대의 로봇산업' 메인 주제에 실린 것이다.

1. 서론

4차 산업혁명이라는 단어는 이제 우리 산업계에서 빼놓을 수 없는 중요한 화두가 되었다. 4차 산업혁명이라는 단어를 사용하지 않으면 어느새 현대 정보화 사회에 뒤처져 있는 것처럼 느껴질 정도로 빠른 시간 안에 일반화되어버렸다. 하지만 이 단어는 저마다 각기 다른 시각에서 목소리를 내고 있기 때문에 서로 생각하는 바가 다르고 지향하는 목표가 다를 수 있다. 그러다 보니 아직 4차 산업혁명에 대한 정확한 개념조차 일반화되어있지 않다고 볼 수 있다.

18세기 중반 증기기관의 발명으로 시작된 1차 산업혁명부터 19세기 말 전기의 상용화로 촉발된 2차 산업혁명 그리고 디지털 기술과 첨단 IT기술 도입으로 20세기 중반부터 시작된 3차 산업혁명 모두 인류 발전에 크게 기여한 사건으로, 우리가 경험을 통해 나중에 붙인 이름이다. 하지만 지금의 4차 산업혁명이라는 단어는 우리가 전혀 경험해보지 않은 새로운 세상을 일컫는다. 정보통신기술ICT의 융합으로 이뤄지는 차세대 산업혁명이자, 실제와 가상의 통합으로 사물들을 자동 · 지능적으로 제어하는 가상물리 시스템 구축의 시대가

4차 산업혁명 시대이다.

원래 산업혁명이란 말은 기술발전에 따른 사회변화를 설명하기 위해 사용됐다. 우리가 잘 알다시피 4차 산업혁명이라는 단어는 2016년 초 스위스 알프스의 조그마한 산골 스키 리조트인 다보스Davos에서 개최되는 세계경제포럼에서 클라우스 슈밥 세계경제포럼 회장이 4차 산업혁명이란 화두를 던지면서 세계적인 주목을 받았다. 인공지능과 로봇, 빅데이터와 클라우딩, IoT(사물인터넷)를 비롯해 3D 프린팅과 퀀텀 컴퓨팅, 나노, 바이오 기술 등 거의 모든 지식 정보 분야에 걸친 눈부신 속도의 발전이 지금의 제4차 산업혁명을 이끌고 있다. 여기서 우리가 주목할 것은 바로 '눈부신 속도의 발전'이다.

4차 산업혁명의 큰 특징은 과거에 인류가 경험했던 어느 산업혁명보다도 더 광범위한 분야에 걸쳐 눈부시게 빠른 속도로 진전될 것이라는 점이다. 산업혁명은 통상적으로 인간에게 경제적 풍요를 가져오지만, 다른 한편에서는 자동화로 인해 사람들이 실업의 불안과 고통에 시달리게 된다는 의미일 수 있다.

4차 산업혁명의 핵심 키워드 중 대표적인 것으로 로봇을 꼽을 수 있다. 로봇은 체코어 '로보타Robota에서 유래한 말로, '일하다' 혹은 '강제노동'의 뜻으로 사용되었고, 1921년 체코의 희곡작가 카렐 차페크Karel Capek가 쓴 희곡 〈로섬의 유니버설 로봇(Rossum's Universal Robot)〉에서 처음 사용되었다. 여기에서는 로봇을 노동자처럼 일하는 기계로 표현하였다. 이러한 로봇이라는 단어가 탄생한 것이 아직 100년도 채 되지 않았다. 그러나 로봇은 이제 우리 사회에서 그리고 인간의 삶에서 떼어놓을 수 없는 중요한 도구가 되어버렸다.

2. 산업용 로봇 시장과 관련 산업 분야

1961년 미국 제너럴모터스[GM]는 유니메이션사의 산업용 로봇 유니메이트를 대량으로 구입하여 뉴저지공장 생산라인에 배치함으로써 자동화 공장과 로봇산업을 시작하였다.

그리고 1967년 일본 가와사키중공업이 유니메이션사의 산업용 로봇 유니메이트를 일본에서 생산할 수 있는 라이센스를 획득하게 되면서 일본 로봇산업이 시작되었다. 이후 50년이 지난 지금 일본은 세계 산업용 로봇 시장의 최강자로 굳건히 자리를 지키고 있다.

우리나라에서는 약 40년 전인 1978년에 현대자동차 울산공장에 일본 도요타의 다점용접 로봇이 도입되면서 로봇산업이 시작되었다. 그리고 이러한 발전을 거쳐 현재 다양한 산업 분야에 로봇이 도입되어 사용되고 있다.

로봇관련 산업 분야는 매우 다양하다. 이는 그만큼 로봇이 다양한 산업에 일반화되어있다는 의미이다. 로봇산업 분야는 제조업, 서비스업으로 구분이 가능하다. 로봇 융합 산업 분야는 나노, 바이오산업 등 첨단산업, 예술문화 분야, 농축수산업에 적용된 로봇 기술을 들 수 있다. 로봇 응용 산업 분야로는 전기자동차, 무인자동차, 무인비행기, 엘리베이터산업, 건설기계산업, 공작기계산업, 재활산업, 헬스케어 등 건강산업, 병원기기 사업, 사회안전보안 시스템산업 등 모두 열거하기조차 어렵다.

2016년 기준 전 세계 로봇 시장은 204억 달러로, 제조용 로봇과 서비스용 로봇의 비중은 6:4 수준이다. 국내 대기업의 연간 매출 규모와 비교해도 매우 작은 시장이다. 국제로봇연맹IFR이 발표한 자료에 따르면 2018년 전 세계 산업용 로봇 판매 예상 대수는 37만 8000대이다. 산업용 로봇은 주로 자동차, 전기전자, 금속, 화학 · 고무 · 플라스틱, 식음료 순으로 사용되고 있으며, 자동차, 반도체, 디스플레이 등의 주요 산업에서 이제 로봇 없는 공장을 상상할 수 없다.

IFR은 세계 산업용 로봇의 Big 5로 중국, 한국, 일본, 미국, 독일을 꼽으며 전 세계 산업용 로봇 시장의 74%를 이들 5개 국가가 차지하고 있다고 분석했다. 세계 산업용 로봇 시장은 매년 연평균 14% 성장해 2020년이면 300만 대가 넘는 로봇이 전 세계 산업 현장에서 운용될 것이라고 예측했다. 2017년 기준 전 세계 산업용 로봇시장의 32%가 중국에 공급되고 있으며, 2020년이면 40%에 이를 것이라는 분석이다.

3. 제조업 현장에서의 산업용 로봇 변화 양상

최근 제조업 현장에서 로봇의 세대교체 현상이 두드러지게 나타나고 있으며 글로벌 제조업 생산 시스템 전반에 걸쳐 변화의 바람이 거세게 일고 있다. 월스트리트저널은 생산 현장의 세대교체 현상을 중심으로 산업용 로봇의 변화 양상을 다음과 같이 분석했다.

경량화, 이동성 강화 등 새로운 로봇의 등장

로봇의 세대교체 바람은 '지능화', '이동성 강화', '협업 능력 제고', '적용 분야 확대' 등을 특징으로 한다. 과거 생산 현장에 도입된 로봇은 덩치가 크고 현장 작업자에게 위협적인 존재였다. 로봇 팔을 움직이다 보면 자칫 작업자에게 해를 끼칠 수도 있었다. 또 용접, 도색, 무거운 제품 옮기기 등 하나의 작업만 수행하는 경우가 많았다. 하지만 최근 도입되는 산업용 로봇은 사람에게 위협적인 존재가 아니다. 또 처리할 수 있는 일도 항공기 제작부터 스마트폰 제조까지 다양해졌다. 하나의 작업만 수행하는 것이 아니라 복수의 작업을 수행할 수 있는 게 중요한 특징이다.

로봇 가격이 하락하고 접근성이 좋아지면서 대규모 제조업체뿐 아니라 소규모 공장들도 로봇을 도입할 수 있는 여건이 마련됐다. 로봇 가격의 하락으로 그동안 고임금 문제 때문에 중국 등 동남아나 멕시코 등 남미 지역으로 생산 공장을 옮겼던 미국 제조업체들도 미국 본토에 산업용 로봇을 적극 도입해 인건비 부담을 줄일 수 있게 됐다.

자동차 공장에도 새로운 로봇 도입 바람

자동차 산업은 산업용 로봇 도입이 가장 일반화되어 있다. 자동차 산업계는 용접, 도색, 접합, 차체 이동 등 단순 분야에 로봇을 도입하고 있다. 보다 정교한 조립 공정은 숙련 노동자에 의존하는 경향이 뚜렷하다. 특히 소형 부품 조립이나 배선 작업 등은 로봇이 하기 힘든 영역이었다.

협업 능력의 제고

'협동 로봇'의 도입도 생산 현장의 큰 변화 중 하나다. 과거 산업용 로봇은 작업자의 근처에 위치해 작업자를 위협하는 일이 많았다. 세심한 주의를 기울이지 않으면 강철로 만들어진 로봇 팔에 작업자가 다치기 십상이었다. 하지만 최근 등장한 협동 로봇은 카메라, 소나 등을 채택해 작업자의 위치를 확인할 수 있다. 그래서 사람이 로봇 가까이 있으면 작업 속도를 낮추거나 아예 작동을 멈춘다.

로봇이 정교한 작업에 투입되는 사례들이 속속 나타나고 있다. 미국 내 JCB 레보러토리는 미국 켄터키주 공장에 주사기에 약물을 투입하고 마개를 씌우는 작업을 수행할 수 있는 로봇을 도입했다. 사람보다 작업 속도가 5~6배 빠르다고 한다.

로봇을 도입하는 분야가 확대되고 있는 것도 주목할 만한 현상이다. 최근 시계, 면도, 칫솔, 장난감 제조 분야에서도 로봇 수요가 증가하고 있다.

4. 제조업 현장에서의 산업용 로봇 도입 사례

앞에서 언급했듯이 산업용 로봇은 주로 자동차, 전기전자, 금속, 화학 · 고무 · 플라스틱, 식음료 그리고 반도체, 디스플레이 등의 주요 산업에서 주로 사용되고 있다. 이 장에서는 이러한 산업에서의 로봇 도입 사례를 살펴보고자 한다.

(1) 자동차산업

그동안 자동차 회사는 로봇과 자동화를 가장 앞장서 도입한 선구자였으며 로봇 업계의 가장 큰 고객이기도 하였다. 2016년 자동차 공장에는 총 1만 7600대의 로봇이 배치됐는데 이는 전자 제품 제조 분야의 5100대, 금속 생산 분야의 1900대와 비교하면 상당히 많은 물량이다.

포드자동차는 독일 쾰른에 있는 포드 자동차 생산공장 '피에스타'의 쇼크업소버(속칭 쇼바) 조립공정에 협동 로봇을 설치해 근로자들과 함께 작업할 수 있도록 했다. 생산 근로자가 로봇을 활용해 쇼크업소버를 들어올리고 설치하고 있다.

아우디 벨기에 공장도 왈트[Walt]라는 로봇을 도입했다. 이 로봇에는 사물을 인식하고 상태를 알려주는 반원통형 디스플레이 장치가 달려 있어 작업자를 향해 웃음을 짓거나 작업자의 제스처에 반응한다. 반원통형 장치는 작업장에서 사람과 소통하는 역할을 한다. 반원통형 디스플레이를 장착한 것은 로봇과 작업자 간에 자연스러운 소통을 보장하고 작업자가 로봇에 보다 친근하게 접근할 수 있도록 하기 위한 것이다.

GM 공장에서는 로봇이 스페어 타이어를 쌓고 시보레 소닉과 뷰익 베라노스 안에 뜨거운 접착제를 삽입한다. 또 사우스캐롤라이나 스파르탄버그에 있는 BMW AG 공장에서도 로봇이 문과 앞 유리를 설치하는 작업에 투입된다.

프랑스 클레옹에 있는 르노자동차 공장은 유니버설 로봇의 산업용 로봇을 도입해 엔진에 나사 조이기를 하는 공정 등에 투입하고 있다. 자동차 부품이 올바르게 들어갔는지 검사하는 작업도 수행할 수 있다.

(2) 가전산업

독일 로봇업체인 쿠카 로보틱스는 식기세척기 안에 튜브를 설치할 수 있는 로봇을 개발했다. 쿠카의 로봇은 '힘 토크' 센서를 활용해 부품이 제대로 설치됐는지 검사할 수 있다. 마치 사람이 작업하는 것처럼 부품을 살짝 살짝 움직이면서 고정할 수 있다.

가전업체 월풀Whirlpool 공장에서는 채피Chappy라고 불리는 로봇 노동자가 사람들과 함께 일한다. 드라이어를 생산하는 공장의 경우 노동자들은 팔 하나로 반복적인 일부 업무를 수행하며 자신들의 일을 도와주는 채피의 매력에 흠뻑 빠졌다. 그 이유는 작업자가 자기 일을 하면서 채피로부터 많은 도움을 얻고 있기 때문이다.

(3) 항공기산업

숙련공에 의지하던 항공기 공장에서도 최근 로봇이 대두되고 있다. 일본 미쯔비시중공업은 항공기의 동체를 만드는 공정에 처음으로 로봇을 도입하였다. 히로시마시 에바 공장에 신설하는 미국 보잉의 차세대 대형기 777X 후방 동체의 생산 라인이다. 로봇은 항공기의 외부를 덮는 금속 패널을 나르고 구멍을 뚫고 패널 완성 검사도 한다.

세계 최대 비행기 제조업체 보잉사도 비행기 동체 조립에 로봇을 활용한다. 로봇들은 전통적으로 생산 근로자들이 해왔던 6만여 개 이상의 조임쇠를 드릴 작업을 해서 채우는 일들을 벌이고 있다. 항공기 제작업체들은 생산 대수가 적은 데다 생산 시간도 오래 걸려 로봇과 자동화 시스템 도입이 상대적으로 더디게 진행됐다.

(4) 플라스틱산업

사출성형기에서 플라스틱 제품을 성형 틀에서 취출하는 작업과, 플라스틱 액체 주입의 흔적을 깎아내는 게이트 커팅 작업은 기존에는 별도로 이루어지던 작업이지만 이러한 작업을 하나의 로봇을 통해 통합적으로 관리할 수 있다. 뿐만 아니라 식품 포장 산업을 위한 용기 사출 및 포장 작업도 가능하다. 직교 로봇이 취출한 플라스틱 용기를 쿠카의 저(低) 가반하중 로봇인 사이버테크 나노KR CYBER-TECH NANO - KR10 R1420가 컨베이어 벨트로 이송한다. 그 후 래핑 작업이 끝난 완제품을 쿠카의 소형 로봇 쿠카 아길러스KR AGILUS, KR10 R110sixx가 박스에 넣는 작업을 함으로써, 올인원 턴키 라인Turn-Key Line이 가능하다.

(5) 화장품산업

일본 화장품업체 시세이도SHISEIDO, 資生堂가 화장품을 생산하는 카케가와 공장에 인간형 로봇을 시험 도입했다. 파운데이션의 박스 포장 등에 두 개의 팔과 카메라를 가진 양팔 로봇을 활용한다. 공장에 인간형 로봇 도입은 화장품 업계에서 처음이다. 인간형 로봇 도입으로 재질이나 경도가 다른 설명서나 스펀지를 하나의 상자에 포장하는 등 기존 산업용 로봇에서는 처리할 수 없었던 섬세한 작업을 할 수 있다. 립스틱이나 화장수 생산에도 로봇 활용을 검토하고 있다. 화장품은 식품, 의약품과 함께 자동화가 늦어지고 있는 분야이다.

하지만 소비자의 요구가 다양해지고, 소량 다품종화가 늘어나면서 복잡해지는 생산에 대한 대응이 매우 중요한 과제가 되고 있다.

(6) 신발산업

로봇이 생산한 운동화도 출시되었다. 독일의 자동화된 아디다스 공장 스피드팩토리[Speedfactory]에서 러너들을 겨냥한 새로운 신발 AM4 생산에 처음으로 로봇을 투입한 것이다. 소비자가 함께 참여하고 로봇이 제작하는 AM4는 도시별 특화 모델로 탄생한다. 아디다스의 1만 5000평방피트 규모의 스피드팩토리는 연간 최대 50만 켤레의 신발을 생산하게 된다. 7만 4000평방피트에 이르는 두 번째 시설도 조만간 미국 애틀랜타에 문을 연다. 첨단 제조 기술을 보유한 미국 공장을 추가함으로써 색상, 소재 및 크기 면에서 복잡하고 향상된 대규모 생산을 이뤄낸다는 방침이다.

(7) 부품

폐기된 아이폰을 재활용하기 위해 애플이 도입한 로봇 '리암[Liam]'도 있다. 리암은 21개의 작업대에 설치되어 운영되고 있으며, 컨베이어 벨트 내에 총 29개의 상이한 로봇들이 설치되어 있다. 한 대의 아이폰을 분해하는 데 11초가 걸리며 총 8개의 부품으로 분류된다. 리암은 분리된 부품들을 분류해 처리하는 역할도 한다. 애플은 장기적으로 아이폰의 모든 부품들을 재활용하겠다는 야심찬 목표를 갖고 있다.

자동차 부품회사 델파이[Delphi]는 내구성 테스트에 로봇을 이용하고 있다. 진동을 크게 한다든지 온도를 높였다 내렸다하는 등 가상 주행

환경 하에서 반복적인 테스트를 실시한다.

(8) 의류산업

미국 애틀랜타 지역에 위치한 스타트업 기업인 '소프트웨어 오토메이션'은 의류를 제조할 수 있는 로봇을 개발해 의류 생산 라인에 의류 제조용 로봇을 투입할 계획이다. 대표적으로 저임금 노임에 의존했던 의류산업 분야에도 로봇 도입 바람이 서서히 일고 있는 것이다. 이 로봇을 도입하면 저임금 국가에서 의류를 만드는 것이 아니라 고임금 국가인 미국, 유럽 등에서도 의류 생산이 충분히 가능해진다.

5. 산업용 로봇과 4차 산업혁명 기술과의 융합

최근 로봇업체들이 클라우드 플랫폼과 빅데이터, 그리고 인공지능 기술을 활용해 새로운 로봇 플랫폼을 구축하고 있다.

(1) 클라우드

세계 최대 산업용 로봇업체인 일본 화낙은 전 세계 40만 대에 달하는 산업용 로봇을 연결하는 프로젝트를 추진하고 있다. 자사가 공급한 산업용 로봇의 운영 데이터를 클라우드 시스템을 통해 수집하고 분석하겠다는 목표다. 수집된 데이터는 딥러닝 기술을 활용해 분석된다. 화낙의 산업용 로봇에는 센서가 부착되어 있어 로봇의 발열 상태, 운행 주기, 관리자의 활동 등에 관한 데이터를 수집해 클라우드 시스템에 보낸다. 이를 통해 사고가 발생하기 전에 신속하게 부품을 교환하고 정비 일정을 짤 수 있다.

최근 HRG[HIT ROBOT GROUP](하얼빈공대 로봇공학그룹)는 '로봇 스마트 클라우드 서비스 플랫폼'을 정식으로 공개했다. 클라우드에서 공장 로봇의 운영 상태를 확인할 수 있으며 로봇 데이터를 수집 및 분석, 시각화하고 저장한다. 공장 생산라인의 원격 제어가 가능하며 고장 진단과 효율 최적화도 가능하다. 로봇 스마트 클라우드 서비스 플랫폼은 자동으로 로봇의 실시간 데이터를 채집한다. 로봇 행위 정보와 공장 생산라인 정보를 같이 보여주면서 공장의 업무 제어를 위한 데이터를 지원한다. 로봇이 운영 중 고장이 날 경우 플랫폼에서 실시간 보고를 받을 수 있다.

야스카와전기도 산업용 로봇 클라우드 서비스를 출시했다. 산업용 로봇을 대상으로 로봇의 이력에 관한 정보를 유지 관리해주는 클라우드 지원 서비스 '모토맨 클라우드'가 그것이다. 로봇의 기종 정보, 연락처 기록, 부품 교환 이력 등 산업용 로봇 개별 정보를 클라우드에 올려놓고 사용자와 야스카와 직원이 열람할 수 있다. 로봇에 문제가 발생하면 로봇 제어반 및 프로그래밍 펜던트에 표시되는 QR코드를 스마트폰으로 가져와서 문의 및 유지 보수 업무를 보다 신속하게 처리할 수 있다. 문제가 발생하면 신속하게 대응하고 가동 중단 시간을 줄일 수 있다.

미국 자동차 제조업체인 제너럴모터스[GM] 역시 디트로이트 근처 공장

내 로봇을 클라우드 시스템에 연결해 운영하고 있다. 이 시스템은 로봇뿐 아니라 컨베이어 벨트 머신, 온도시스템 등으로부터 데이터를 전송받는다.

의료용 운반로봇 터그TUG 개발업체 아이톤Aethon은 140여개 병원에 400대의 터그를 공급했다. 아이톤은 지난 2013년부터 클라우드 관제센터를 운영하고 있다. 클라우드 관제센터에선 터그의 모니터링과 지원 업무를 담당하고 있다. 이상이 발생하면 바로 클라우드 관제센터에서 처리할 수 있도록 했다.

(2) IoT(사물인터넷)

스위스 산업용 로봇업체인 ABB는 고객들에게 '커넥티드 서비스'라는 최적화 소프트웨어 패키지를 공급하고 있다. 고객들이 관리하고 있는 산업용 로봇을 1년 365일 24시간 모니터링할 수 있는 솔루션이다. 아직 전 세계적으로 산업용 로봇을 관리하는 단계는 아니다.

일본 로봇 자동화업체인 오므론은 고장 예지 기능을 탑재한 스카라 로봇 'i4 시리즈'를 판매한다. 이 로봇은 모터 · 감속기 등의 작동 및 가동 시간 정보를 이용해 로봇의 상태를 시각화했다. 로봇이 동작을 멈추기 전에 유지보수를 하도록 제안한다.

일본 ZMP는 사물인터넷 기술 기반 물류지원 로봇을 개발해 출시했다. ZMP의 물류 지원 로봇 캐리로CarriRo에 톳판인쇄의 RFID 기술, SAP의 클라우드 통합 업무 패키지ERP를 결합해 개발한다. 물류 로봇에 RFID 태그를 붙여 실시간 재고 관리가 가능하도록 하겠다는 목표다.

GM도 수천 대의 공장 로봇을 인터넷에 연결해 지연시간 감소 등 이미 큰 효과를 보고 있는 것으로 나타났다. 2년 동안 GM은 클라우드의 외부 서버로 보낸 데이터를 분석해 차량 조립 로봇의 실패를 100회 이상 줄인 것으로 파악됐다. GM은 네트워크 연결성을 강화함에 따라 조립 라인이 중단되거나 로봇 교체로 인해 작업 지연이 빚어지는 상황을 획기적으로 줄였다고 밝혔다. GM은 부품을 공장에 보관하지 않고도 인터넷 모니터링을 통해 부품이 손상되었다고 판단하면 부품을 바로 주문할 수 있다.

(3) 인공지능(AI)

일본 로봇 및 자동화 전문업체인 화낙은 산업용 로봇에 인공지능 기술을 접목했다. 심화강화학습[Deep reinforcement learning] 방법을 적용해 새로운 작업을 가르치는 연구를 진행하고 있다. 화낙이 심화강화학습이라는 기술을 통해 산업용 로봇에게 훈련시키고 있는 작업은 많은 물건을 쌓아놓은 상자에서 물건을 집어 다른 곳으로 움직이는 것이다. 또한 화낙은 인공지능과 IoT 기술을 적용한 아무렇게나 흩어져있는 부품 더미에서 특정 부품을 집을 수 있는 피킹 시스템을 제공할 계획이다.

미쓰비시전기도 인공지능 로봇을 이용해 산업용 로봇의 유지보수를 예방 차원에서 효율화할 수 있는 로봇 관절의 모터 전류로부터 얻어지는 파형을 인공지능으로 분석할 수 있는 기술을 개발했다. 예를 들어 감속기의 마모에 의한 진동을 모터의 움직임으로 파악해 고장 나기 전에 수리하는 게 가능하다.

가와사키중공업 역시 인공지능을 활용해 숙련 작업을 자동화할 수 있는 로봇 시스템을 개발했으며, 인공지능을 통해 로봇을 보다 쉽게 다룰 수 있도록 적용 범위를 넓히기로 했다. 가와사키중공업의 로봇 시스템은 숙련자가 전용 조작 장치로 로봇을 원격 조작하면, 조작 장치에 감각적으로 작업 방법이 기억된다. 여러 차례 작업을 반복적으로 하다보면 인공지능의 학습 수준이 높아지면서 궁극적으로는 사람의 원격 조작 없이 로봇 스스로 작업할 수 있게 된다. 자동차 시트 조립 등에 활용한다는 계획이다.

일본 미쓰비시가 미국 IBM과 공동 개발하고 있는 검사용 인공지능 로봇도 있다. 이 인공지능 로봇은 자동차 부품 등이 순서에 맞게 나란히 있지 않더라도 로봇 팔이 부품에 접근해 양호한 제품과 불량한 제품을 구분할 수 있다. 그동안 숙련 노동자들이 육안으로 해오던 검사 관련 지식을 인공지능에 이식해 로봇이 자동으로 수행할 수 있다.

(4) 증강현실(AR)

일본 산업용 로봇업체인 '도시바기계'가 증강현실(AR) 기술을 이용해 산업용 로봇의 유지 보수 작업을 원활히 할 수 있는 시스템을 개발했다. 태블릿 PC 화면에 유지보수 작업 방식이 컴퓨터 그래픽(CG) 등 형태로 나타난다. 문서로 이뤄진 절차서 등을 이용하지 않고도 현장의 작업자가 쉽게 유지보수 업무를 진행할 수 있다. 이 시스템은 단말기에 설치된 카메라를 통해 로봇을 화면에 비추면 이해하기 쉽도록 실제 이미지와 CG 등으로 유지보수 절차를 설명해 준다. 유지보수 업무 빈도가 높은 인코더 배터리 교체 작업 등이 주요 대상이다. 커버의 개폐, 커넥터 분리, 나사 조이기 등 작업 흐름에 따라 유지보수 방법과 대상 부분이 명시된다.

5. 전망과 결론

앞에서 살펴보았듯 산업용 로봇은 전통적인 형태에서 벗어나 새로운 형태와 구조, 분야를 모색하기 시작했다. 기존의 천편일률적인 형태에서 벗어나 다양한 4차 산업혁명 기술들과 융합되면서 보다 유연한 형태로 빠르게 진화하고 있다.

4차 산업혁명 관련 주요 기술들과의 융합을 통해 향후 세계 로봇산업은 새로운 형태의 로봇산업 발전을 촉진할 것이다. 이 같은 새로운 형태의 융합들이 산업용 로봇 시장에 또 제조업 현장에 어떠한 변화의 바람을 몰고 올지 주목된다.

제조기업은 인공지능, 클라우드, IoT, 빅데이터와 로봇기술의 비약적인 발전 등을 종합적으로 고려해 산업용 로봇 도입에 관한 종합적인 전략 계획을 수립해야 한다. 전략 계획에는 로봇 애플리케이션의 전적인 도입, 재무 조정financial justification의 방법론, 근로자의 훈련 계획, 공장 내 다양한 기계 시스템에 대한 인터페이스, 데이터 수집에 관한 인터페이스, 제품 설계와 부품 공급업체에 대한 영향, 주요 기술의 변화에 대한 대응 등에 관한 내용이 포함되어야 한다. 이러한 변화에 맞춰 시장의 요구에 부응할 수 있도록 최적의 로봇을 도입한 업체가 승자가 될 것이다.

2020 국내 로봇이슈 전망_2020. 1. 1

2020년 경자년 새해가 밝았다. 올 한 해에는 국내 로봇업계에 얼마나 많은 발전이 있을지 기대된다. 얼마 전 본지가 '2019 국내 10대 로봇 뉴스'를 발표한 것과 같이 지난 한 해에도 국내 로봇업계에 많은 일들이 있었다. 국내 로봇산업만 놓고 보면 전체 로봇산업에서 70%를 차지하는 산업용 로봇기업들이 경기 침체와, 반도체 및 LCD 산업 투자의 저조로 인해 힘든 한 해를 보냈다. 2019년 국내 로봇시장 규모는 6조를 넘지 않았을 것으로 예상되며, 경우에 따라서는 중국, 일본처럼 역성장을 기록했을지도 모른다.

그럼에도 올해는 작년보다는 로봇산업 성장이 점쳐지면서 희망을 갖게 한다. 이에 따라 필자가 2020년 국내 로봇산업 이슈와 관련해 몇 가지 사항을 정리해보고자 한다.

첫 번째, 국내 산업용 로봇 기업들이 새해에도 얼마나 도약할지 궁금하다.

특히 올해에는 반도체와 디스플레이 산업에 대한 투자가 되살아나면서 관련 산업용 로봇 기업들의 실적도 전년보다는 크게 늘어날 것으로 보인다. 자동차 역시 친환경 자동차에 대한 투자가 이어지면서 올해보다는 좋아질 것으로 예상된다. 산업용 로봇 기업들의 성장을 발판으로 하여 올해 국내 로봇시장 규모가 처음 6조를 돌파할 수 있을지가 올해 로봇산업의 첫 번째 관전 포인트가 될 것이다.

두 번째, 정부의 로봇보급사업을 통해 얼마나 많은 서비스 로봇들이 실제 현장에 보급될 수 있을까하는 부분이다.

작년 127억 원에 불과했던 지능형 로봇 보급 사업 예산이 올해에는 381억 원으로 거의 3배 증가했다. 고령화 시대와 인구 감소에 따른 일손 부족 현상을 로봇으로 대체하기 위한 노력이 글로벌하게 펼쳐지고 있는 가운데, 우리나라도 이를 위한 서비스 로봇이 얼마나 실생활에 보급되느냐에 따라 진정한 로봇시대를 경험하게 될 것이다.

이 사업은 국내 로봇산업의 촉매제 역할을 톡톡히 하고 있다. 사업 기반이 취약한 로봇 분야를 중심으로 로봇산업 전반에 활기를 불어넣고 있으며, 특히 자금력이 부족한 중소 로봇기업들에게 신(新)시장을 창출하고, 글로벌 사업화를 추진하는 데 마중물이 되고 있다. 또한 정부가 지원하는 유일의 로봇 사업화 지원 사업으로 뿌리내리면서 2011년부터 9년간 투자 대비 두 배 이상의 실적을 거둔 것으로 알려졌다. 올해에도 다양한 분야에서 로봇 보급이 이루어질 것으로 보인다.

세 번째, 정부가 추진하는 3대 제조업 분야와 4대 서비스 로봇 분야에 대한 성과가 어느 정도 나타날지도 궁금하다.

지난해 발표한 제3차 지능형 로봇 보급계획을 살펴보면 정부가 뿌리, 섬유, 식 · 음료 등 3대 업종을 중심으로 제조로봇 확대 보급을 실시해 2023년 산업용 로봇 누적 70만 대를 공급할 계획이며, 업종

별 · 공정별로 108개 로봇 활용모델을 선행 개발해 보급할 계획이다. 또 전체 14대 서비스 로봇 분야 중 글로벌 시장규모, 비즈니스 잠재 역량, 도전가치 등을 고려해 돌봄, 웨어러블, 의료, 물류 등 4대 전략 분야에서 약 1만 대 보급사업을 추진할 예정이다.

돌봄에서는 보급형 식사보조 로봇, 양팔형 이승보조 로봇, 배변케어(비데) 로봇, 웨어러블에서는 근로 지원 로봇, 노약자와 장애인 보조 로봇, 의료에서는 AI 기반 스마트 수술 로봇, 수술 로봇 팔, 물류에서는 스마트 물류 핸들링 로봇, 실내외 배송용 다중 로봇이 세부 분야로 선정되었다. 정부가 의지를 가지고 3대 제조 분야와 4대 서비스 로봇 분야 육성을 천명한 만큼 이 분야에서 어느 정도 가시적 성과가 나타나고 이를 마중물 삼아 국내 로봇산업이 발전할 수 있을지 기대된다.

네 번째, 물류 로봇의 성장 가능 여부다.

물류 로봇은 크게 공장이나 창고에서 사용하는 로봇과, 가정이나 점포 내에서 물건을 배달하는 배송 로봇으로 구분할 수 있다. 공장이나 창고에서는 인공지능을 통한 자동화가 급진전되면서 컨베이어 벨트, 일관 공정 작업 등의 맨 마지막 단계에서 대규모로 활용될 것이며, 유연 생산 시스템 도입에 따른 물류 수요에 따라 더욱 더 사용처가 늘어날 것으로 예상된다.

물류 로봇의 선진국인 미국은 공장, 물류 창고에 적용 가능한 물류 로봇부터 공중 배송을 목표로 하는 드론에 이르기까지 다양한 분야에서 물류 로봇 기술을 발전시키고 있다. 최근에는 자율주행자동차와

2족 보행 로봇을 결합한 라스트 마일 서비스까지 예고하고 있어 기술의 발전이 어디까지 갈지 짐작하기도 어렵다. 우리나라도 홈쇼핑, 온라인 및 모바일 유통 시장이 눈부시게 발전하면서 성장세를 지속해 떠오르는 물류 로봇 시장으로 주목받고 있다. 배송 로봇도 '우아한 형제들'이 시장을 주도하고 있으며, 작년 말 로봇솔루션 전문기업인 '로보티즈'가 로봇분야에서는 최초로 실외 자율주행 로봇의 일반보도, 횡단보도에서의 실증 특례를 할 수 있게 되어 결과에 따라서는 국내 도로에서도 실제 배송작업이 이루어질 날도 머지않아 보인다.

다섯 번째, 점차 경계가 모호해지는 제조 로봇과 서비스 로봇 분야에서 얼마나 많은 로봇기술이 푸드테크와 접목되어 시장을 형성하느냐 하는 것이다.

협동 로봇도 커피를 내리는 바리스타 로봇에 쓰이면 서비스 로봇이 되고, 제조 현장에 쓰이면 제조용 로봇이 된다. 작년에는 산업용 로봇을 이용해 커피 전문점 '달콤'과 '상화'가 커피 로봇을 본격적으로 선보였고, 티로보틱스와 레인보우로보틱스는 바텐더가 만든 레시피를 바탕으로 음료를 제조하는 드링크봇, 칵테일 로봇을 선보였다. 올해에는 음료분야를 넘어 식품이나 요리 등 더욱 다양한 분야에서 푸드테크 기술과 로봇기술의 접목이 이루어질 것으로 보인다.

여섯 번째, 대기업들의 동향이다.

로봇전문기업 현대로보틱스의 변신과 대기업 그룹사인 LG전자, 삼성전자 모두 로봇사업에 본격적으로 진출하면서 주목받고 있다.

특히 현대로보틱스는 올해부터 본격적으로 서비스 로봇을 판매하는데, 얼마만큼의 성과를 낼 수 있을지 기대된다. 그리고 본격적으로 협동로봇도 시판할 것으로 보인다. 협동로봇 시장에서는 두산로보틱스와 한화정밀 등 국내 대기업들과 경쟁을 펼쳐야 하며, 뉴로메카, 레인보우로보틱스 등 국내 전문기업, 유니버설 로봇 등 글로벌 기업과도 국내 시장을 놓고 치열한 경쟁을 치러야 한다. 지난해 말 현대중공업지주에서 별도 독립법인으로 출범한 현대로보틱스가 분할 이후 산업용 로봇의 해외 진출을 가속화하고, 스마트팩토리, 스마트물류, 모바일 서비스 로봇 등 신사업을 확대해 2024년 매출 1조 원을 달성한다는 계획을 밝힌 만큼 향후 성과가 주목된다. 또 한동안 국내 산업용 로봇시장을 잠식했던 글로벌 로봇기업들에 맞서 국내 산업용 로봇 시장을 회복하고 지켜낼 수 있을지 지켜볼 일이다.

삼성전자도 지난해 초 요리 보조 기능을 수행하는 팔 모양의 '삼성봇 셰프Samsung Bot Chef'를 선보였다. 삼성봇 셰프는 일반 사용자뿐만 아니라 손이나 팔이 불편한 사람들도 편리하게 요리를 할 수 있도록 고안됐다. 로봇 팔에 다양한 도구를 바꿔 장착함으로써 식재료를 자르고 섞거나 양념을 넣는 등의 요리 보조 기능을 지원하며, 레시피를 다운로드 받아 필요한 작업을 수행할 수 있다. 비록 양산 제품은 아니며 아직은 개발된 여러 로봇들을 선보이는 단계이기는 하지만, 어떠한 로봇들을 계속해서 선보일지 궁금하다.

LG전자도 2018년 초 LG전자 로봇을 총칭하는 브랜드 'LG 클로이'를 런칭한 이후 작년 인공지능 홈로봇 LG클로이를 본격적으로 판매하기 시작했다. 'LG 클로이 셰프봇LG CLOi Chefbot'도 선보였는데, 이 로봇은 직접 국수를 만들어 고객에게 제공하며, 1분에 국수 한

그릇을 조리할 수 있다. 또 레스토랑에서 접객, 주문, 음식 조리, 서빙, 설거지 등 다양한 서비스를 제공하는 로봇들로 구성된 클로이 테이블도 선보였다. LG가 대기업 중 처음으로 일반 서비스 로봇을 본격적으로 판매하기 시작했다는 점에서 어느 정도 성과를 낼 수 있을지 기대된다.

이외에도 올해 5월 초에는 제2회 사이배슬론 대회가 스위스 아레나 클로텐[ARENA Kloten]에서 개최되며, 7월에는 도쿄 올림픽이 열린다. 사이배슬론 대회에는 엔젤 로보틱스가 웨어러블 로봇 종목에 참가하고, WRS[World Robot Summit] 2020 대회에는 KAIST팀이 출전할 것으로 알려졌다. 이런 세계적인 로봇 챌린지에서 DRC[Darpa Robotics Challenge] 이후 또 다시 좋은 성적을 거두어 한국의 뛰어난 로봇기술을 전 세계에 알릴 수 있기를 기대한다.

사이배슬론 2020 출정식 장면

2020년 경자년 새해가 시작되었다. 쥐띠 해는 풍요와 희망, 기회의 해라고 한다. 우리 로봇인 모두 올해에는 풍요롭고 희망차면서도 미래로 한 발 더 도약할 수 있는 기회의 해가 되기를 기원한다.

2019 국내 로봇이슈 전망_2018. 12. 31

2019년 새해가 밝았다. 며칠 전 본지가 '2018 국내 10대 로봇뉴스'에서도 발표했듯 지난 한 해 국내 로봇업계에는 많은 일이 일어났다. 중요한 점은 그 속에서 2018년에 국내 로봇업계가 많은 발전을 해왔다는 것이다. 2019년 올해에도 로봇산업이 지속적으로 발전한다는 사실은 변함이 없을 것으로 보인다. 필자는 새해 국내 로봇업계 이슈와 관련해 몇 가지 사항들을 짚어보고자 한다.

첫 번째, '제3차 지능형 로봇 기본 계획'에 과연 어떤 콘텐츠들이 들어갈지 주목해야 한다.

현행 지능형 로봇법 제5조에서는 지능형 로봇의 개발 및 보급을 위해 5년마다 정부가 지능형 로봇 기본계획을 수립하도록 규정하고 있다. 이번에 마련되는 '3차 지능형 로봇 기본계획'은 2019년부터 2023년까지 5개년 동안 추진할 국내 로봇산업 진흥계획을 담을 예정이다. 로봇의 연구개발, 보급 확산, 인력 양성, 수출 지원 등 정책 지원을 포함해 왔다. 제3차 지능형 로봇 기본계획에 어떤 콘텐츠들이 담기느냐에 따라 결국 로봇기업과 관련 산업 전반에 커다란 영향을 미칠 수 있기 때문이다.

지난 2014년 산업부는 '제2차 지능형 로봇 기본계획'을 수립하고 국내 로봇 시장을 2018년까지 7조 원 규모로 키우겠다는 목표를 제시했다. 또 로봇 사업 육성을 위해 2018년까지 5년간 2조 6000억 원을 투자한다는 계획도 발표했고, 로봇 연구개발R&D 종합 역량 제고, 로봇 수요의 전 산업 확대, 융복합형 · 개방형 로봇산업 생태계 조성, 로봇 융합 네트워크 구축 등 4대 중점 과제를 추진한다고 발표했다.

하지만 작년까지 국내 로봇산업은 6조 원 규모에도 모자라고 투자 계획도, 중점 과제도 이렇다 할 성과를 보여 주지 못했다. 단순하게 한번 보여주기식으로 수립되는 로봇 기본계획은 이제 지양해야 한다. 실질적으로 국내 로봇산업을 발전시킬 수 있는 다양한 지원책들이 수립되어야 하고, 수립된 계획은 책장에 모셔둘 것이 아니라 1년마다 계획 대비 성과를 분석하고 부족하거나 약한 부분은 즉시 수정해 실질적인 국내 지능형 로봇 발전 방향이 되도록 해야 한다.

두 번째, 국내 협동 로봇 발전 속도와 성과가 얼마나 이루어질지 궁금하다.

아직도 로봇시장의 70% 정도는 산업용 로봇이 차지할 만큼 전체 로봇시장에서 산업용 로봇이 차지하는 비중은 절대적이다. 하지만 자동차산업뿐만 아니라 전기전자, 고무, 플라스틱산업과 대기업이 아닌 중소기업에서도 로봇 도입이 활발해지면서 전통적인 산업용 로봇에서 협동 로봇으로 관심 영역이 이동하고 있다. 물론 협동 로봇 시장 규모는 아직 전통적인 산업용 로봇에 비해서 매우 작지만, 산업용 로봇 시장에 혁신을 몰고 오고 있으며 미래 성장성이 매우 크다는 점에서 주목받고 있다.

시장이 확대되자 기존 유니버설로봇 이외에 ABB, 쿠카로보틱스, 야스카와전기, 덴소 등 기존 산업용 로봇 업체들이 협동 로봇을 속속 내놓고 있다. 협동 로봇에 모바일 베이스를 부착해 이동성을 강화하거나 휴머노이드 형태를 갖춘 협동 로봇들도 등장하고 있다. 제조, 전자, 물류산업뿐 아니라 서비스 업체, 식음료 업체 등도 산업용 로봇에 비해 저렴하고 설치가 용이한 협동 로봇을 도입해 제조 및 서비스의 생산성을 높이고 있다. 협동 로봇 보급으로 로봇이 인간과 보다 친밀한 존재로 다가오고 있다.

이러한 흐름은 국내 로봇시장에서도 감지되고 있다. 한화테크윈, 두산로보틱스가 협동 로봇을 개발해 시판하고 있으며, 중소기업인 뉴로메카도 협동 로봇을 독자 개발해 시장 개척에 나섰다. 지난 로보월드에서는 현대중공업지주, 레인보우로보틱스, 민트로봇도 협동 로봇을 선보였으며, 올해부터 본격 시판을 준비하고 있다. 협동 로봇 보급 확대를 위해 한국로봇산업진흥원도 협동 로봇 안전인증제도를 마련해 본격 시행에 들어갔다.

하지만 아직 국내 기업에서는 협동 로봇 도입이 활발하지 못하다. 그 이유는 협동 로봇에 대한 이해 부족, 중소 제조 현장에 적합한 표준 공정 개발 미흡, 협동 로봇을 현장에 맞게 커스터마이징해야 하는 로봇 SI기업의 기술력 부족과 인력 부족, 법적인 규제 때문이다. 이러한 문제점들을 얼마나 빨리 해소하느냐가 국내 협동 로봇 시장 성장을 좌우하는 변수가 될 것이다.

세 번째, 로봇 활용 사회적 약자 편익 지원 사업의 안정적인 정착 여부도 주목해야 할 부분이다.

로봇 활용 사회적 약자 편익 지원 사업은 고령자 · 장애인 등 사회적 약자를 대상으로 로봇을 보급해 안정적인 생활환경을 제공하고, 돌봄 인력의 노동 심리 부담을 경감하는 등 복지 증진을 목적으로 추진하는 사업이다. 지원 대상은 신체적/사회적 특징 등의 측면에서 여성, 노인, 청소년, 신체장애 및 질병 등의 이유로 생활에 어려움을 겪고 있는 국민이다. 사회적 약자들을 위한 로봇 사업은 고령자, 장애인 등 사회적 약자 대상으로 생활지원, 간병 로봇 등을 지원하여 복지 확대 및 삶의 질을 향상하기 위해 추진하는 것으로, 노인 · 유아 등에게 반려 로봇, 배변지원 로봇, 이송지원 로봇, 식사보조 로봇, 상하지보조 로봇 등을 제공하는 것을 목표로 하고 있다.

로봇 활용 사회적 약자 편익 지원 사업이 성공을 거두면 기존에 진행해오던 시장창출형 로봇보급사업과 함께 어려운 중소로봇 기업들에게는 큰 힘이 될 수 있을 것이다. 초기 시장에서는 정부의 선도적인 정책 집행이 커다란 효과를 거둘 수 있다. 이러한 사업들이 계속 발굴되어 특정 분야에서부터 로봇이 우리 삶의 질을 높이는 데 기여할 수 있기를 바란다.

네 번째, 서비스 로봇의 애플리케이션 부분 확장이다.

기존 서비스 로봇은 주로 교육용과 청소 로봇 등에 국한되어 왔다. 그러나 국산 수술용 로봇 등장, 물류 로봇 성장 그리고 바리스타 로봇 출현, 안내 로봇 등 다양한 서비스 분야에서 로봇 보급이 더욱 확산되면서 진정한 로봇 시대가 성큼 다가왔다.

미래컴퍼니가 개발한 복강경 수술 로봇시스템 '레보아이Revo-i'가 지난해 국내 시장에 본격 런칭했다. KIST도 미세수술 로봇 '닥터 허준'을 이용한 전임상 시험에 성공했고, 고영테크놀러지도 수술용 로봇 런칭을 서두르고 있어 국산 수술용 로봇 시대가 활짝 열릴 것으로 전망된다.

수성은 물류 로봇인 '나르마NARMA-III'를 출시했다. 가반하중 3톤을 적재할 수 있는 협동 이송 로봇으로, 중량물을 로봇에 싣고 인간과 로봇의 협동작업을 수행할 수 있다. 실내에서 작업자 또는 물류 이송 지원을 목적으로 개발되어 전 방향 자율주행이 가능하다.

유진로봇의 물류 로봇 '고카트'

유진로봇은 가정용 청소 로봇 위주에서 벗어나 물류 로봇 사업을 강화하고 있다. 기존 고카트, 고카트 미니 외에 작년에 새로 발표한 자율주행 물류 배송 시스템 '고카트GoCart 120'은 유진로봇의 독자적인 기술력이 집약된 '자율주행 솔루션'을 탑재하고 있다. 산업용 로봇 기업 티로보틱스는 일본 ZMP의 반송 이송 로봇 '캐리로'를 판매하고 있다. 캐리로는 물류 창고에서 각종 부품이나 자재를 이송하는 데 편리한 제품이다. 캐리로는 한 대의 캐리로에 2대의 캐리로가 좇아다닐 수 있는 '추종' 기능을 갖추고 있어 물류 현장의 효율성을 높이는 데 큰 도움이 될 것으로 기대되고 있다. 마로로봇테크는 QR 코드형 스마트 물류 로봇인 'M3'를 개발 완료하고 지난해부터 본격 공급에 나서 국내 기업에 납품하고 있다.

잠실 롯데월드몰에 위치한 달콤의 로봇카페 '비트'

로봇카페 '비트b;eat'도 작년에 인천공항 제2청사를 비롯해 서울과 경기권에 30여 개소 이상이 설치되어 운영 중이다. 편리함에 가격·경쟁력까지 갖춘 로봇카페 비트는 좁은 공간에 효율적인 설치 운영이 가능하다는 장점을 내세워 기업 사내 카페테리아는 물론 쇼핑몰과 대학교 등 다양한 공간에서 운영되고 있으며, KT와의 제휴를 통해 음성인식과 인공지능(AI) 기능이 탑재된 한 단계 진화한 버전을 선보일 예정이다.

올해에는 고령화, 인건비 상승과 같은 요인들로 인해 더욱 다양한 분야에서 서비스 로봇 사용이 보급, 확대되면서 본격적인 서비스 로봇 시대가 열리는 첫 해가 될 것이다.

다섯 번째, 대기업들의 로봇 사업 진출이 지금까지의 이슈였다면 올해부터는 대기업들이 해당 로봇 분야에서 실질적으로 어떤 성과를 낼 것인가도 우리가 주목해야 할 부분이다. 삼성전자나 LG전자와 같은 대기업들은 지금까지 청소 로봇 이외에는 이렇다 할 로봇 제품을 소비자들에게 선보이지 않았다. 그러나 시장에서 판매하지 않는 연구개발을 위한 상품은 아무 쓸모가 없다.

LG전자는 가정 · 상업용에서 산업 · 의료용까지 다양한 분야에서 활용 가능한 제품 콘셉트를 공개하며 로봇 사업에 가속도를 내고 있다. LG전자가 지금까지 공개한 로봇은 이달 8일부터 미국에서 열리는 CES에서 첫 선을 보일 웨어러블 로봇 '수트봇[CLOi SuitBot]'과 인천국제공항에 투입된 '안내 로봇[CLOi GuideBot]', 평창 동계올림픽에서 청소 서비스를 제공한 '청소 로봇[CLOi CleanBot]', 가정용 · 상업용 다방면에서 활용이 가능한 '홈로봇[CLOi Home]', 잔디깎이 로봇[CLOi LawnBot]', '서브봇[CLOi ServeBot]', '포터봇[CLOi PorterBot]', '카트봇[CLOi CartBot]' 등 다양하다. LG전자는 사업 포트폴리오를 지속 확대하며 로봇솔루션 분야를 선도해나간다는 계획을 가지고 있는 만큼 향후 추이가 기대된다.

LG전자의 인공지능 홈 로봇 '클로이'

경쟁사인 LG전자가 '클로이'라는 로봇 라인업으로 로봇 사업에 적극 나서고 있는 것에 반해 삼성전자는 다소 소극적이다. 삼성전자의 정책은 제품이 시장에 출시되기 전에는 공개하지 않는 것이기 때문에 현재로서는 삼성전자가 구체적으로 어떤 로봇을 개발하고 있는지 알려진 바가 없다. 로봇 연구가 진행되고는 있지만, 전담 부서는 없고 통합 연구 차원에서 이뤄지고 있다. 하지만 삼성전자도 올해에는 인공지능 플랫폼을 로봇에 접목시킨 서비스 로봇이 나올 수 있지 않을까 조심스럽게 전망해 본다.

이외에도 현대차 그룹이나 네이버 등도 주목해야 할 대기업이다. 현대차 그룹은 작년 9월 현대 · 기아차 북미 공장에 '의자형 착용로봇[H-CEX]'을 시범 적용한 데 이어 연말에는 '윗보기 작업용 착용로봇[H-VEX]'까지 시범 적용해 독자 개발한 산업용 웨어러블 로봇 기술력 검증을 이어갈 계획이다. 호텔 서비스 로봇도 개발하고 있는데 룸서비스를 수행하는 것은 물론 고객을 엘리베이터와 객실까지 안내하는 등 다양한 기능을 수행한다.

네이버랩스는 이동 매핑 로봇인 M1, 자율주행 서비스 로봇인 '어라운드[AROUND]', 근력증강 기술을 적용한 운반 로봇 '에어카트[AIRCART]', 맵 클라우드[Map Cloud] 기술 등을 선보였다. 어라운드 G는 매핑 로봇의 도움 없이 스스로 매핑할 수 있는 기능을 탑재하고 있다.

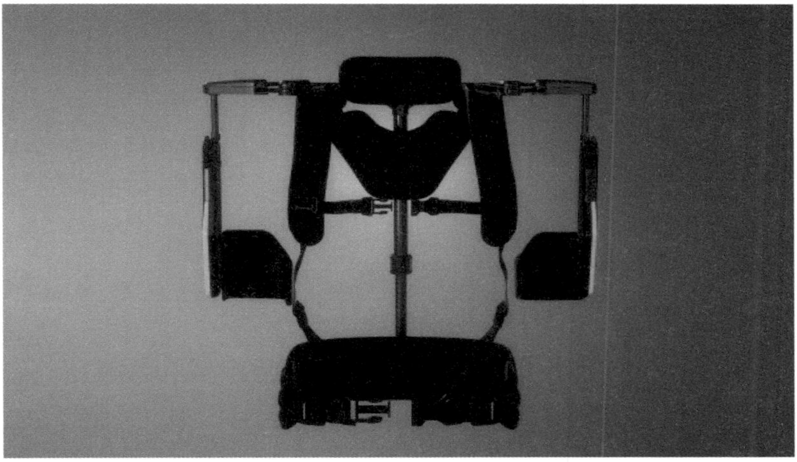

현대차의 윗보기 작업용 착용로봇 'H-VEX'

이외에도 인공지능의 지속적인 발전도 올해 눈여겨봐야 할 이슈이다. 무서운 속도로 발전하고 있는 인공지능은 로봇뿐만 아니라 전 산업에 많은 변화를 가져올 것이다.

2019년 한 해가 시작되었다. 올해에도 국내 로봇업계가 어려운 경제 여건 속에서도 크게 떨치고 일어나 도약하는 한 해가 되길 기원한다. 모든 로봇인들의 건투를 빈다.

로봇산업 도약, 지금이 기회다_2018. 8. 17

지난 2015년 6월, 미국에서 열린 세계재난구조로봇대회인 '다르파 로보틱스 챌린지[DRC]'에서 KAIST '휴보'가 당당히 우승을 차지하면서 달아올랐던 국내 로봇산업에 대한 관심과 열기가 그 후 한동안 이어지지 못했다. 많은 로봇인들이 안타까움을 표했지만 특별한 이슈를 만들지 못한 우리 로봇인들 모두의 잘못일 수밖에…

2년여 넘게 그렇게 시간만 흐르더니 작년 말부터 국내 로봇 업계 분위기가 다시 상승으로 바뀌기 시작했다. 작년 12월 교육용 로봇기업 ㈜로보로보가 코스닥 시장에 상장하면서 분위기를 띄우더니, 국내 최고의 서비스 로봇 기업인 유진로봇이 가전제품 및 의료용 장비 등을 제조 판매하는 세계적인 프리미엄 가전업체 독일 밀레[Miele] 그룹으로부터 520억 원을 투자받으면서 협력을 확대한다고 발표했다.

새해 들어 이러한 로봇 업계의 상승 분위기는 계속 이어지고 있다. 4차 산업혁명에 대한 관심이 높아지면서 핵심 키워드인 로봇산업에 대한 관심도 함께 늘어났다고 볼 수 있다. 평창 동계올림픽도 국내 로봇산업의 관심을 증가시킨 커다란 전환점이 되었다. 평창 동계올림픽 기간 동안 알펜시아 올림픽파크, 메인 프레스센터, 평창 선수촌, 알펜시아 스키점프센터 등 곳곳에서 수호랑 로봇, 자율주행 청소로봇, 안내 서비스 로봇, 음료 서빙 로봇 등 다양한 국내 서비스 로봇이 설치되어 로봇 도우미 역할을 톡톡히 수행하였다. 때문에 국내외 이목을 집중시켜 첫 로봇 올림픽이라는 명성을 쌓았다. 물론 비슷한 시기에 열린 세계 최초의 스키로봇 챌린지도 진보한 로봇 기술에 대한 국민적 관심을 높이고, 우리 로봇 기술을 국내외에 알리는 데 기여했다. 올림픽에서 신드롬 현상을 일으켰던 컬링을 모티브로 한 컬링 로봇도 이러한 분위기를 띄우는 데 일조했다고 볼 수 있다.

지난 5월 말에는 국내 로봇산업 정책의 근간을 이루는 '지능형 로봇 개발 및 보급 촉진법(지능형 로봇법)' 개정안이 국회 본회의를 통과했다. 6월 말 한시법으로 폐지 위기에 몰렸던 지능형 로봇법이 통과되면서 국내 로봇산업의 큰 밑그림을 안정적으로 그릴 수 있는 기반이 마련되었다. 하반기에 제3차 지능형 로봇산업 기본 계획이 발표되면 국내 로봇산업의 비전과 로드맵 역할을 할 수 있을 것으로 예상된다.

로봇사업 확대, 로봇기업에 대한 인수합병 및 투자, 코스닥 상장 같은 활동역시 로봇산업에 대한 긍정적 신호로 받아들여지고 있다. 최근 코스닥 상장뿐만 아니라 로봇기업에 대한 인수합병도 그 열기가 뜨겁다. 그 정점에는 LG전자가 있다. LG전자는 작년 인천국제공항에 청소 로봇과 안내 로봇을 서비스하더니 올해 초 미국에서 열린 세계 최대 IT · 가전 전시회인 'CES 2018'에서 서빙 로봇, 포터 로봇, 쇼핑 카트 로봇 등 신규 콘셉트 로봇 3종을 처음 공개해 로봇사업에 대한 강한 의지를 표명하였다.

얼마 전에는 산업용 로봇 회사 로보스타를 인수해 업계를 깜짝 놀라게 했다. 그 이전에는 국내 인공지능(AI) 스타트업인 '아크릴' 유상증

자에 참여해 지분 10%를 취득했으며, 로봇 솔루션 및 교육용 로봇 분야 전문업체인 로보티즈의 지분 10.12%도 취득했다. 웨어러블 로봇 스타트업 에스지로보틱스에도 투자를 하였고, 6월에는 미국 로봇 개발업체인 '보사노바 로보틱스BossaNova Robotics'에 300만 달러를 투자했다. 예전 로봇 왕국을 꿈꾸던 구글이나 소프트뱅크를 보고 있는 느낌이다.

최근에는 국내 대표적인 로봇플랫폼 회사인 로보티즈가 상장 예비심사를 통과하여 곧 상장사 리스트에 이름을 올릴 예정이다. 디스플레이 공정용 진공로봇을 주력으로 생산하고 있는 티로보틱스와 휴머노이드 로봇 '휴보Hubo'에 대한 모든 기술과 상표권을 갖고 있는 로봇 개발사 ㈜레인보우로보틱스도 코스닥 상장을 신청하고 결과를 기다리고 있다. 레인보우로보틱스는 지난해 유수의 벤처캐피탈 업체인 한국투자파트너스(35억 원)와 KTB네트워크(35억 원), SBI인베스트먼트(30억 원) 등에서 총 100억 원을 투자받았다. 이들 회사 모두 탄탄한 비즈니스 플랫폼을 갖고 있기 때문에 상장에 큰 문제가 없을 것이라 생각한다.

최근 만난 몇몇 로봇기업 대표들 역시 올해 로봇 매출실적이 아주 좋다고 이야기한다. 작년 기준 최소 50%에서 두 배 이상 증가할 것이라고 이야기하는 회사도 있다. 어떤 기업들은 코스닥 상장을 준비하고 있기도 하다.

현재 선진국을 비롯해 전 세계적으로 활용되고 있는 전형적인 투자 회수 기법은 주로 기업 인수합병M&A과 기업상장IPO이다. 자료에 따르면 M&A와 IPO의 투자 회수 비중은 M&A가 전체의 80% 이상을 차지할 만큼 일반적이라고 한다. 아직까지 우리나라는 M&A가 선진국만큼 일반적이지 못하지만, 최근 늘어나고 있는 추세이다.

한국로봇산업진흥원도 8월에 중소기업부와 지능형 로봇분야의 혁신적인 기술창업 아이디어를 보유한 청년창업자의 창업 지원을 위해 지능형 로봇 기술혁신형 창업기업 지원사업을 시작했다. 사업화에 소요되는 비용을 최대 1억 원씩 20개를 지원할 예정이라고 한다.

지난 주말에는 가전양판점 전자랜드가 지금까지의 가전이나 IT 제품 유통에서 벗어나 로봇 유통 플랫폼 기업으로의 변신을 꾀할 목적으로 용산 전자랜드에 로봇 유통 기반을 마련하고 비전선포식을 가졌다. 당장은 회사의 수익보다는 미래 로봇시대를 대비한 투자겠지만, 이러한 회사들의 새로운 시도 역시 로봇산업의 분위기를 살려주는 긍정적 신호인 것만큼은 분명해 보인다.

이렇듯 오랜만에 로봇업계에 따뜻한 봄날이 오고 있다. 우리 모두 이러한 긍정적인 분위기를 잘 살려 국내 로봇산업 도약의 기회로 삼았으면 좋겠다. 로봇인 모두 한마음으로 그 뜻을 모은다면 로봇시대는 현실이 될 것이다.

2018년 새해에도 국내 로봇업계가 도약하길..._2018. 1. 2

2017년 정유년이 지나고 2018년 무술년 새해 날이 밝았다.

또 한 해가 시작되었으니 누구나 마음속으로 한두 개쯤 새해 소원을 빌었을 것이다. 필자 역시 개인적으로는 가족의 건강, 회사의 발전과 함께 국내 로봇산업이 새해에도 거침없이 발전해주었으면 하고 기원한다.

늘 한 해를 마무리할 때 우리는 다사다난이라는 표현을 자주 사용하곤 한다. 지난 한 해는 우리 로봇업계에게도 다사다난하였다. 그러나 무엇보다도 어려운 여건 속에서도 국내 로봇기업들의 발전이 두드러졌다. 로보스타가 대기업 그룹사를 제외하고는 산업용 로봇으로 첫 매출 2천억을 돌파했다. 작년보다 500억 늘어난 실적이다. 이외에도 산업용 로봇 기업인 디에스티로봇과 반도체 디스플레이 분야 진공이송 로봇기업인 티이에스, 라온테크 같은 산업용 로봇 기업들도 전년보다 몇 십 퍼센트 고속 성장을 이룰 것으로 예측된다. 서비스 로봇 기업 역시 유진로봇이 전년보다 100억 이상 매출이 증가한 700억대를 예상하고 로보티즈, 로보로보 역시 산업용 로봇 기업들 만큼은 아니지만 전년보다 매출이 10% 이상 증가한 것으로 보인다.

한 해가 저물어가는 지난 12월 중후반에 2016년 국내 로봇기업 실태조사가 발표되었다. 너무 오랫동안 묵혔다 발표하다보니 참신성은 떨어지지만, 2016년 국내 로봇시장 규모는 4조 5972억 원이었다. 이는 전년의 4조 2168억 원 대비 9% 성장한 수치다.

물론 우리나라만 로봇산업이 발전한 것은 아니다. 우리의 경쟁국인 중국이나 일본에서도 산업 발전이 많이 이루어졌다. 중국은 세계 최대 로봇 수요 국가이면서 자국산 로봇의 생산 및 보급도 빠르게 이뤄지고 있다. 일본은 중국의 수요를 기반으로 글로벌 로봇 생산의 핵심 기지 역할을 톡톡히 하고 있다.

지난해 중국 산업용 로봇 전체 시장 규모는 2016년의 8만 8900대에서 11만 5천 대 규모로 확대되었다. 처음으로 연간 10만 대를 넘긴 것이다. 이는 글로벌 수요의 약 30%에 달하는 수치다. 중국산 로봇 공급도 증가하고 있다. 작년 상반기 중국산 로봇 누적 판매량은 1만 8519대로 지난해 상반기보다 19.1% 늘었다.

일본 역시 중국 등 글로벌 로봇 시장 확대에 힘입어 화낙, 나치 등 자국 로봇 업체들의 작년 일본 산업용 로봇 생산액이 역대 최고치를 갱신할 전망이라고 한다. 작년 일본 로봇업체들의 생산액이 전년 대비 약 14% 증가해 8000억 엔을 넘어서면서 지난 2007년의 7123억 엔을 상회할 것으로 예측했다.

이러한 두 나라의 발전상은 전시회에서도 잘 나타나고 있다. 지난해 7월 중국 상하이에서 열린 국제로봇전시회인 CiROS와 11월 말 일본 도쿄에서 열린 iREX를 모두 참관한 필자 입장에서 보면 해마다 두 나라의 로봇산업 발전에 놀라움을 금치 못한다.

일본은 산업용 로봇 글로벌 강국답게 다양한 산업용 로봇이 발전하고 있으며, 인간-로봇 협업을 위한 협동 로봇 분야의 다양한 애플리케이션들이 로봇 시대가 이미 와있음을 느끼게 한다. 중국 또한 조금은 부족해 보이지만 다양한 산업용 로봇 국산화와 부품 산업 발전을 보고 있으면 로봇강국 육성이라는 중국 정부의 강한 의지를 엿볼 수 있다.

서비스 로봇 또한 우리와 다르게 다양한 분야에서 이미 사용되고 있다. 필자가 작년 7월 머물렀던 상하이의 한 호텔에서는 호텔 프론트에 이미 안내 서비스 로봇이 자리 잡고 있었다. 완벽한 모습은 아닐지라도 일상생활에 로봇을 접목하고자 하는 의지를 느낄 수 있었다. 식당이나 백화점 등에서도 서비스 로봇이 눈에 띄었다. 중국은 상하이의 과기중심 건물에 야스카와, 쿠카, ABB 등의 로봇을 체험해보고 구매할 수 있는 종합 전시장을 올해 1월에 오픈한다고 한다. 필자가 연말에 현장을 방문했을 때는 마무리 공사가 진행 중이었다.

일본 로봇전시회에서는 항상 다양한 서비스 로봇의 일상화가 놀랍다. 농업용 로봇을 비롯해 커뮤니케이션 로봇, 재난안전 로봇, 다양한 종류의 실버 로봇, 가정용 로봇 등이 서비스 로봇 시장을 주도하고 있다. 필자는 iREX 2017 기간 중 모든 서비스가 로봇으로 이루어지는 헨나 호텔에서 숙박했다. 입구에서부터 공룡이 사람을 맞이하고 로비에는 청소 로봇과 우리나라 서비스 로봇 기업 아이로의 물고기 로봇 두 마리가 수족관에서 유영하는 모습을 보았다. 방에 들어서니 서비스 로봇이 이름을 부르며, 우리 호텔을 찾아주어 감사하다고 음성으로 서비스를 해주었다.

일본 헨나 호텔의 공룡 접객원

조금은 부족할 수 있지만 일반인들이 일상생활에서 로봇을 실제 사용할 수 있게 한다는 것이 너무 부러웠다. 또 이러한 체험시설 하나 없는 우리나라가 진정한 로봇 강국일지 반문해보았다.

다시 무술년 한 해가 밝았다. 올해가 황금 개띠 해라고 모두들 한껏 기대하고 있다. 새해에는 국내 로봇산업도 더 발전해나가길 기대해 본다.

산업용 로봇의 뉴 패러다임, '협동 로봇'_2017. 4. 2

최근 산업용 로봇에서 중요한 로봇기술 흐름으로 부상하고 있는 것이 아마도 협동 로봇Collaborative Industrial Robot이 아닐까 생각한다. 이러한 추세를 반영하듯 국내외에서 최근 협동 로봇에 대한 개발이나 출시가 속속 이루어지고 있다.

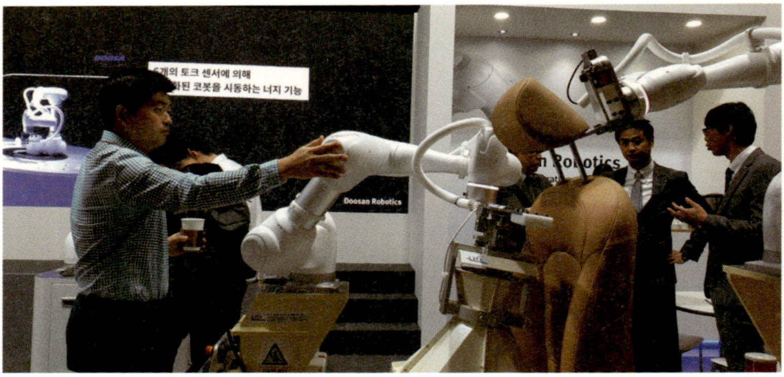

최근 주목받고 있는 협동 로봇

협동 로봇은 작업자와 가까운 거리에서 사람의 업무를 도와주는 로봇으로, 주로 금속가공이나 나사조립과 같은 반복적이고 지루한 공정을 자동화하는 데 쓰인다. 작업자와 분리된 넓은 공간이 필요한 기존의 산업용 로봇에 비해 필요한 공간이 작고 가격도 저렴하다. 사실 협동 로봇은 ABB, 쿠카, 야스카와, 화낙, 카와사키 같은 기존의 전통적인 산업용 로봇 주요 메이커들이 자동차나 전기전자 산업에서 생산자동화를 위해 주로 사용하던 거대한 로봇이 아닌 또 다른 새로운 틈새시장인 중소기업을 위한 소규모 로봇이라고 할 수 있다.

협동 로봇이 발명되기 이전에 기존의 산업용 로봇을 활용해 이루어지던 생산 자동화는 극히 한정된 작업만 가능했기 때문에 섬세하고 유연한 작업을 요구하는 산업 분야에서는 수작업에 의존해야 했다. 하지만 사용하기 쉽고 안전한 협동 로봇을 통해 기업들은 보다 다양한 작업에 산업용 로봇을 유연하게 적용할 수 있게 되었고, 이로 인해 사업을 확장하고 성장시킬 수 있게 되었다. 작고 가벼워 이동이 용이할 뿐만 아니라 초기 소유 비용과 총 통합 비용이 낮은 협동 로봇은 사업장의 규모와 상관없이 모든 규모의 기업에 보편적으로 적용할 수 있다는 점이 가장 큰 장점이다. 협동 로봇은 산업 현장뿐 아니라 서비스 로봇 등 다양한 응용 분야가 생기면서 점차 저변이 확대되는 양상을 보이고 있다.

협동 로봇은 2005년부터 2009년까지 유럽연합EU의 자금지원으로 시작한 SMErobotics 프로젝트에서 처음 시작되었다고 한다. 단어 그대로 중소기업SME : Small-Medium Enterprise의 자동화를 지원하기 위한 로봇이었다. 세계 최초의 협동 로봇은 2008년 12월부터 판매를 시작한 유니버설로봇의 UR시리즈이다. 이후 쿠카로보틱스가 경량로봇 LBR 이바 시리즈를 개발하여 출시하였고, 이외에도 ABB 유미, 카와다 로보틱스의 넥스테이지, 리씽크로보틱스의 백스터나 소이어 등과 같은 제품들이 출시되었다. 최근에는 페스토의 바이오닉

코봇에 이어 독일 벤처기업 프랭카 에미카도 1만 500달러의 협동 로봇을 출시할 예정이라고 한다.

전문가들은 2015년 1억 달러에 불과하던 협동 로봇 시장규모가 2020년에는 30억 달러까지 성장할 것으로 전망하고 있다. 기존의 산업용 로봇은 별도 작업공간이 필요해 공간이 많이 필요했고 가격도 비쌌지만, 협동 로봇은 별도의 작업공간이 필요하지 않고 보통 1년 안에 투자비용을 회수할 수 있어 자금 사정이 넉넉하지 않은 중소기업 입장에서는 초기 투자비용에 대한 부담이 적다는 장점이 있다. 이러한 장점을 바탕으로 향후 협동 로봇 시장은 매년 50% 이상 지속적으로 성장할 것으로 전망하고 있다.

얼마 전 본지는 협동 로봇 분야의 선도기업이라고 할 수 있는 유니버설로봇의 2016년 매출 실적이 처음으로 1000억 원(9447만 달러)을 돌파했다고 보도한 바 있다. 2012년 1900만 달러, 2015년의 6200만 달러에 비하면 매년 50% 이상 성장한 수치다. 산업용 로봇 분야에서 블루 오션인 것만은 틀림없어 보인다.

작년 3월 우리나라도 '산업안전보건법'이 개정되면서 협동 로봇을 산업현장에 설치할 수 있게 되었다. 개정된 산업안전보건법에 따르면 사업주는 로봇을 운전하는 경우 안전 매트 및 높이 1.8미터 이상의 방책을 설치해야 하지만, 로봇이 협동운전용으로 설계된 것으로 한국산업표준[KS]의 기준에 부합하거나 국제적인 기준에 부합하다고 사업주가 객관적으로 입증할 경우 안전 매트 및 방책을 설치하지 않을 수 있다고 규정하고 있다.

사실 국내에도 뉴로메카, 푸른기술 같은 중소기업이 협동 로봇 시장에 이미 진출하였고, 로보스타 같은 산업용 로봇기업도 양팔로봇을 이용한 협동 로봇 시장 진입을 준비하고 있다. 그리고 지난주에는 대기업 한화테크윈도 협동 로봇 신제품을 출시하면서 이 시장에 본격적으로 진출했다.

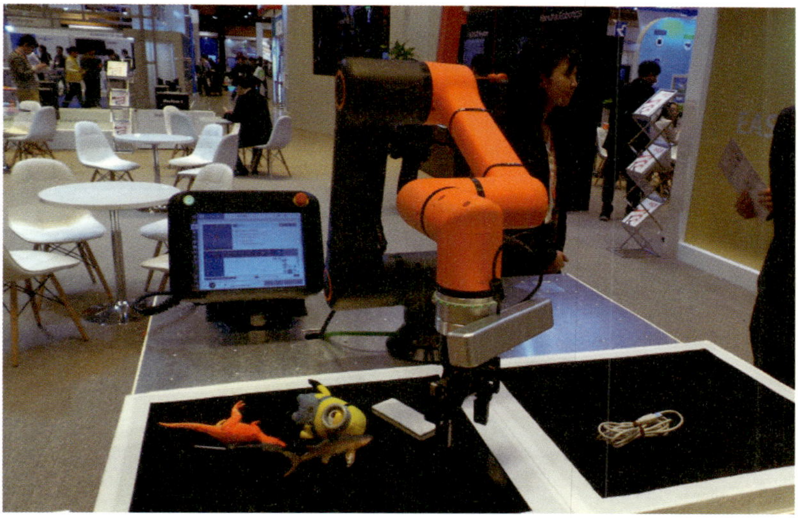

한화의 협동 로봇

한화테크윈의 협동 로봇 사업 진출과 관련해 일부에서는 불만의 목소리도 나오고 있다. 대기업 그룹사가 전 세계 시장 규모가 이제 겨우 2000억 원대밖에 되지 않는 작은 협동 로봇 시장에 뛰어드는 것에 대한 반감이다. 즉, 대기업 그룹사가 좀 더 큰 투자가 이루어지는 로봇 분야에 진출하지 않고 중소기업 업종에 참여한 것에 대한 불만의 목소리인 것이다. 이는 각각 200조 원과 55조 원이 넘는 매출을 올리고 있는 삼성전자나 LG전자가 중소기업에 적합한 청소 로봇 시장에 뛰어들어 이들과 경쟁하는 것이 과연 옳은 것인가 하는 논리와 같은 맥락이다. 하지만 ABB, 쿠카, 야스카와, 화낙, 카와사키 같은 세계적인 거대 로봇기업들이 장악하고 있는 산업용 로봇 시장에 이제 막 본격적으로 로봇사업을 시작하는 한화테크윈에게 왜 그 시장이 아니냐고 하는 것은 어쩌면 무리일 수도 있다.

그동안 칩마운트 제품, 지상 감시경계 로봇SGR series, 무인자율주행 로봇STAR series 사업을 해오던 한화테크윈이 간편한 설치와 손쉬운 운용, 합리적인 비용을 장점으로 내세우며 사람과 함께 안전하게 협업하는 산업용 협동 로봇 시장에 본격 진출하였다. 이미 사업진출을 위해 투자하고 노력한 만큼 기업의 생산 효율성과 품질을 보장해 우리나라 중소제조 기업의 경쟁력을 높이는 데 일조하고, 글로벌 네트워크를 이용해 세계적인 협동 로봇 기업들과 어깨를 나란히 했으면 좋겠다는 생각이다. 협동 로봇 분야만이라도 우리나라 기업이 글로벌 시장을 리드해나간다면 한국로봇산업 발전을 위해 얼마나 좋은 일인가.

벼랑 끝에 선 국내 제조용 로봇_2016. 10. 2

세계로봇연맹IFR에서 발표한 매출액 기준으로 외국의 한 매체가 선정해 발표한 글로벌 최고의 '산업용 로봇 제조기업 Top10'에 ABB, 야스카와전기, 쿠카로보틱스, 화낙, 가와사키중공업, 엡손, 스토브리, 나치-후지코시, 코마우, 오므론 어뎁트 테크놀로지 등이 선정되었다.

우리가 최근 제조업의 경쟁력 강화를 위해 흔히 이야기하고 있는 스마트 팩토리나 인더스트리 4.0의 기본 핵심 개념 역시 바로 산업용 혹은 제조용 로봇이라고 생각한다. 독일은 인더스트리 4.0 계획을 발표하고 제조업 경쟁력을 끌어올리기 위해 스마트 팩토리 생태계 구축을 범국가적으로 추진하고 있으며, 미국과 일본도 스마트 팩토리 구축에 열을 올리고 있는 상황이다. 중국 역시 지난 4월에 발표한 로봇산업발전계획 2016-2020에서 산업용 로봇을 육성해 경쟁력을 끌어올린다는 계획을 담고 있다. 중국 정부는 산업용 로봇이 인력난 해결과 함께 성장 둔화를 겪는 자국 경제에 혁신을 불어넣을 수단으로 보고 있다.

한국 경제 역시 항상 그래왔듯이 제조업이 중심축을 형성하고 있으며, 로봇산업 역시 아직까지 그 근간이 제조용 로봇이라는 것은 부인할 수 없는 현실이다. 2014년 국내 로봇산업 실태조사 결과에도 제조용 로봇 비중이 73.6%를 차지할 만큼 로봇산업에서 차지하는 비중은 절대적이다.

그런데 최근 국내 제조용 로봇 분야에 대한 분위기가 심상치 않다. 국내 1위의 산업용 로봇업체인 현대중공업이 조선경기의 침체로 주력사업이 위기를 겪고 있는 틈을 타 글로벌 제조용 로봇 기업들의 시장 공략이 공격적, 집중적으로 이루어지고 있기 때문이다.

쿠카로보틱스코리아는 며칠 전 가반하중 3kg 동급 기준 가장 빠른 속도와 정밀도를 갖춘 이동식 경량 소형 로봇 'KR3 아길러스[AGILUS]'를 출시했다. 이는 공간을 절약할 수 있는 소형 로봇으로, 전기 및 전자 시장을 주로 공략할 계획이다.

리씽크 로보틱스도 일본, 중국, 대만에 이어 한국 시장 공략에 나섰다. 공장자동화 부품장비 및 3D 프린터 전문업체인 TPC메카트로닉스가 미국 리씽크 로보틱스와 제휴해 협동 로봇을 국내에 공급한다. 12일부터 열리는 '2016 로보월드'에 협동 로봇 '소이어[sawyer]'를 출품하고 런칭 쇼를 개최할 예정이다. 이 자리에는 리씽크 로보틱스 창업자이자 CEO인 로드니 브룩스 회장도 참석한다. 소이어는 하나의 로봇 팔을 가진 소형 로봇으로, 중소 규모 공장에 적합한 제품이다.

유니버설로봇[UR] 역시 올해 초 국내 공식 대리점을 정비하고 추가로 선정하면서 사업을 확대하고 있고, 지난 7월 한국지사를 설립하면서 신속한 기술 지원 및 기술 소개를 제공하고 국내 제조업이 겪고 있는 문제점을 극복할 수 있도록 다양한 지원 활동을 펼치고 있다. 얼마 전에는 한국 사무소에서 자사의 첨단 기술을 소개하는 '테크니컬 워크숍'을 개최하면서 유니버설로봇 플러스도 소개했다. 이것은 로봇 본체에 연결하면 바로 사용할 수 있는 플러그 앤 플레이[Plug & Play] 애플리케이션 솔루션으로, UR 로봇 애플리케이션을 설치한 후 바로 사용하고자 하는 기업들에게 새로운 편리함을 제공한다. 이 회사는 유니버설로봇 플러스를 통해 협동 로봇인 UR3, UR5, UR10에 적용될 애플리케이션들을 개발하고 선보일 수 있는 환경을 구축했다.

국내에서 현대중공업을 제치고 최대 산업용 로봇 판매 업체로 등극한 한국야스카와전기 역시 작년 말 대구에 로봇센터를 증축하였고, 일본에서 로봇 본체를 들여와 대구로봇센터에서 핵심 시스템과 주변기기를 제조해 국내 시장에 판매하고 있다. 국내 로봇 판매액이 이미 2천억 원을 넘어선 지 오래다.

한국엡손 역시 지난 8월 말 한국엡손 창립 20주년 발표장에서 향후 중점적으로 육성할 제품과 솔루션을 소개했는데 로봇 제품으로는 소형 스카라 로봇, 천정에 부착할 수 있는 폴딩 방식 소형 6축 로봇, 6축 산업용 로봇 등이 있었다. 그리고 지난 달 말 폴딩 방식 슬림암을 채용한 6축 로봇 N시리즈와 로봇에 옵션으로 탑재할 수 있는 힘 센서 S250 시리즈를 선보였다.

나치 후지코시 일본 산업용 로봇 업체도 국내 시장 공략을 위해 올해 로보월드 2016에 처음 참여해 관련 제품을 선보인다. 이 회사는 1928년 12월에 설립된 일본의 기계 제작 기업으로 1969년 건설용 산업 로봇 제작을 시작으로 산업용 로봇 사업에 뛰어들었다. 전 세계에 10만 대의 산업용 로봇을 공급했으며, 로봇사업 분야 매출은 2억 달러 정도지만 용접 로봇 분야에서 기술력을 인정받고 있다.

이외에도 오므론 어뎁트, ABB, 가와사키, 스토브리 역시 직 · 간접적으로 한국시장 공략에 적극적이니 어쩌면 우리나라도 중국 시장처럼 글로벌 로봇 기업의 격전장이 되었는지도 모르겠다. 중국 제조용 로봇 시장은 이미 70%를 글로벌 기업들이 장악하고 있고 자국산 로봇은 낮은 기술력에 머물며 로우 엔드 마켓에서 30%를 차지하고 있을 뿐이다. 우리 역시 이렇게 되지 말라는 법은 없다.

중국은 그래도 자국 로봇산업을 보호하고 육성하기 위해 정부가 발 벗고 나서 여러 가지 정책적인 지원을 발표하면서 대책도 세우고 언제까지 무엇을 해결하겠다는 구체적인 계획과 전략을 발표하고 이를 강력히 실행하고 있다. 그런데 우리는 너무 천하태평이다. 정부는 제조용 로봇산업 육성을 등한시하고 있고, 기업들 역시 기술 투자나 개발에 적극적이지 않다. 이미 매출액 기준 국내 제조용 산업 로봇 판매 1위 기업은 국내 기업이 아닌 일본 기업이다. 현실을 겸허히 받아들이고 이제라도 글로벌 기업들과 경쟁할 수 있는 방법을 찾아보는 것이 비록 늦었지만 정부와 로봇 기업들이 할 일이다. 이대로 방관만 한다면 국내 산업용 로봇 기반은 사라지고 말 것이다. 위기감을 갖자.

산업용 로봇 육성 방안을 모색해야 할 때_2015. 11. 8

"중국 로봇 업체 가운데 3분의 1이 3년 안에 무너질 것이다". 이 말은 영국의 대표적인 통신사 로이터가 얼마 전 중국 로봇산업 분석 기사와 함께 중국 로봇 기업 대표가 한 말이라고 보도한 내용이다.

이 로봇 기업 대표는 중국이 정부의 육성 정책과 로봇 업체에 대한 보조금 지급으로 로봇산업이 크게 성장했지만, 중국 업체들의 로봇 유지보수 능력이 크게 부족해 3년 안에 위기를 맞게 될 것이라고 예측했다. 로이터는 일본, 독일, 미국 등 해외 로봇 업체와 중국 로봇 업체 간 기술력 차이가 커 중국 로봇 시장에서 해외 로봇 업체들의 우위가 계속될 것이라고 전망했다.

국제로봇연맹[IFR]이 발표한 자료에 따르면 2014년 세계 산업용 로봇 판매량은 전년 대비 27% 증가한 약 22만 5000대이고, 이 가운데 중국에서 판매된 로봇은 5만 6000대로 95억 달러 규모이다. 이 중 중국 내 기업이 공급한 수량은 1만 6000대이고, 나머지는 스위스 ABB, 독일 쿠카, 일본 야스카와전기, 화낙 제품이었다고 한다.

최근 중국의 로봇 기업 수는 2년 만에 200개에서 815개로 크게 늘어났다. 하지만 이 가운데 30개 정도 기업만이 의미 있는 R&D

노력을 펼치고 있는 것으로 나타났다.

한국로봇산업협회가 지난 달 발표한 2014 로봇산업 실태조사 결과 보고서를 보면 우리나라도 로봇 기업 수가 618개로 전년의 481개보다 137개가 늘어난 것으로 확인되었다. 이 중 제조업용 로봇 업체가 183개사로 약 30%를 차지하고 있다.

현대자동차 생산라인에 투입된 산업용 로봇

그러면 우리의 산업용 로봇 기업은 어떠한가. 필자가 알 만한 기업을 손꼽아 보면 현대중공업, 로보스타, 스맥, 로보테크, 유진엠에스, 티이에스, 유도스타자동화, 라온테크 등이 있다. 실태조사를 보면 제조업용 로봇기업 중에서 연구소를 운영하고 있는 기업은 81개사로 44%에 지나지 않았다. 이 81개사 가운데 몇 개 기업이나 기술력의 우위를 위해 의미 있는 R&D에 노력을 기울이고 있을지 궁금하다.

야스카와, 가와사키, 화낙, 나치, 쿠카, 유니버설, ABB, 스토브리, 어댑트, 코마우, 엡손, 히타치, 리씽크 로보틱스, 파나소닉 등은 세계의 산업용 로봇 주요 제조기업들이다. 어디에도 우리나라 기업 이름은 찾아볼 수 없다. 그만큼 우리나라는 산업용 로봇 분야에서 기술력과 자본력으로 이들 세계적인 로봇 기업들과 경쟁할 만한 기업이 없다는 뜻이다.

현대로보틱스의 산업용 로봇 시리즈

작년 우리나라는 중국에 이어 세계 2위의 산업용 로봇 도입 국가였다. 자동차 산업과 전자 산업에서의 투자에 힘입어 약 3만 9000대의 산업용 로봇이 판매되면서 국내 시장이 처음 2조 원을 넘어섰다. 국내 전체 로봇 시장에서 산업용 로봇이 차지하는 비중도 여전히 74%를 차지하고 있을 만큼 지배적이다. 그러나 경쟁력 있는 기업이 없다보니 해외 업체로부터의 로봇 수입이 38%나 증가한 1728억을 차지했다. 특히 일본 로봇기업으로부터의 수입이 69%를 차지할 만큼 특정 국가에 집중화되어 있다.

우리나라 또한 중국처럼 스마트 팩토리를 포함한 정부의 로봇산업 육성 정책과 로봇 보급 사업에 대한 지원으로 로봇산업이 성장하고 있지만 아직 일본, 독일, 스위스, 미국의 해외 유력 산업용 로봇 업체와 경쟁할 만한 기술력을 갖고 있지 않은 것으로 보인다.

이러한 상황이 지속된다면 한국 역시 중국처럼 자동차나 전자, 반도체 등의 수요로 인해 증가하는 산업용 로봇을 외국 기업 제품에 전적으로 의존할 수밖에 없게 된다. 그렇게 되면 우리나라도 중국처럼 로봇 업체 3분의 1이 무너지는 위기가 올 수도 있다. 강 건너 불 보듯 태평하게 있을 때가 아니다. 이제라도 정부나 정책 당국은 더 늦기 전에 산업용 로봇 분야에서 좀 더 경쟁력 있는 국내 로봇 기업을 육성하기 위한 방안을 모색해야 한다.

로봇에 대한 지나친 기우_2014. 3. 30

얼마 전 옥스퍼드 대학 연구팀이 발표한 자료에 따르면 인간이 하는 일을 기계가 대체할 확률이 50:50이라고 한다. 그리고 미국에서 기존에 혼자 일하는 노동시장의 47%가 기계로 대체될 위험이 있다고 한다. 즉 인간이 하고 있는 약 702개의 직업이 비인간, 즉 기계에 의해 위협받고 있다는 것이다.

보고서는 그 이유를 로봇 기술과 인공지능의 발전에 따라 많은 작업장을 더 많은 로봇이 차지하면서 이러한 일들이 일어나고 있다고 보았다. 그러면서 몇 가지 예를 들었다.

현재 전 세계 주요 자동차 제조업체에서 개발하고 있는 자율주행자동차, 즉 로봇카가 트럭과 택시 기사의 일자리를 위협하고, 리씽크 로보틱스의 백스터 로봇이 인간 노동자가 생산 라인의 앞 단계에서 하던 일을 로봇이 새롭게 일을 배워 인간 감독자 옆에서 나란히 일할 수 있도록 설계되어 있어 인간의 일자리를 위협하고 있다고 하였다. 인튜이티브 서지컬이 개발한 외과수술 로봇이 인간이 하던 외과 수술을 기계도 자동으로 할 수 있도록 이미 만들어져 있어 외과 의사를 대체한다거나, 드론과 같은 무인비행기는 많은 인간 비행조종사들의 직업을 잠재적으로 대체하게 될 것이라고 예상한다. 어디 그뿐인가. 퀼Quill이라는 로봇 기자의 예에서도 보듯이 기자라는 단순한 직업도 기본적인 자료에서부터 팩트 중심의 내용을 보도하기 때문에 스포츠 소식이나 비즈니스 이야기들은 충분히 로봇 기자가 뽑아낼 수 있어 미래에는 기자 직업도 로봇이 대체할 수 있다는 것이다.

하지만 로봇 기술과 인공지능의 발달이 빠르게 진행된다고 해도 로봇이 인간의 직업을 빠르게 대체할 수 있을까? 물론 단순 반복 작업이나 위험한 곳에서의 일을 인간 대신 로봇이 하는 모습은 앞으로도 흔해질 것이다. 그러나 무인자동차의 발전으로 택시 기사나 트럭 기사의 직업이 사라지거나 무인비행기의 발달로 항공조종사의 직업이 사라지는 일은 눈앞의 현실이 아닌 먼 미래의 일일 것이다.

어떤 일에는 우리가 흔히 이야기하는 '쿠킹 타임'이 필요하다. 예를 들어 전기자동차가 처음 세상에 나왔을 때 세계는 곧 가솔린 자동차와 같은 화석연료 차량은 사라지고 친환경 자동차인 전기자동차가 자동차 시장을 대체할 것이라고 예상했다. 하지만 아직도 전기차 시장은 전 세계 자동차 시장의 5%를 넘지 못하고 있다. 전기자동차가 활성화되기 위해서는 가장 큰 제약요소인 배터리 가격 문제가 해결되어야 한다. 전기차 가격의 반 이상을 차지하는 배터리의 높은 가격이 전기차 시장의 활성화를 가로막고 있다. 물론 배터리 가격뿐만 아니라 배터리 성능과 충전 인프라와 같은 몇 가지 문제들이 함께 해결되어야 전기자동차가 시장에서 활성화될 수 있을 것이다.

로봇도 마찬가지다. 산업용 로봇은 기업이 생산성 향상과 인건비 증대에 따른 효율성을 검토하여 생산라인에 적용하는 데 별다른 문제가 없을 수 있다. 가정에서 사용하는 서비스 로봇도 맞벌이 부부나 노약자, 장애인을 위해 필요한 로봇이 있으면 형편에 맞추어 구매하면 그만이다.

하지만 무인자동차나 무인기의 경우는 아직 해결해야 할 문제들이 많이 남아 있다. 무인자동차가 도로에서 일반화되려면 도로교통법과 같은 관련 법규도 바뀌어야 하지만, 그에 맞게 도로도 스마트화해야 한다. 또 자동차도 그러한 첨단 기술들을 갖추려면 원가가 많이 상승할 것이고, 그렇게 되면 소비자도 가격이 부담스러워 쉽게 구매하기가 어려울 것이다.

UPS의 드론을 활용하여 배송하는 모습

무인기도 전장에서는 이미 일반화되어 있고, 산불 감시나 농약 살포, 택배 등에 사용될 예정이라지만, 상업용으로 사용하기에는 여러 가지 법률적 제약이 걸려 있어 아직은 좀 더 시간이 필요한 듯하다. 물론 아마존닷컴이 얼마 전 드론을 활용해 고객이 주문한 상품을 30분 내에 배송하는 최첨단 배송서비스를 오는 2015년부터 도입하겠다고 발표하였고, UPS도 무인항공기 드론을 활용한 무인물류 배송서비스 도입을 추진 중이라고 발표하였지만, 상업적인 무인기가 영업을 위해 하늘을 뒤덮을 경우 발생하는 사회적인 안전 문제도 심각히 고려해야 하기 때문에 어떤 법적 제약이 분명 있을 것이다.

가깝거나 머지않은 미래에 로봇이 인간의 직업을 대체하는 일은 흔히 있을지도 모른다. 또 사람이 혼자 수행하는 직업 중에 대부분은 비인간, 즉 기계에 의해 대체될지도 모른다. 로봇 기술과 인공지능이 발달하여 그런 시대가 도래한다고 해도 그에 맞는 새로운 직업이 다시 생겨날 것이다. 몇십 년 후에 일어날 일을 지금부터 미리 걱정하여 로봇을 배척하거나 인간과 로봇의 공존 시대를 거부하는 것은 너무 지나친 기우 아닐까.

2014년 로봇 기업에 거는 기대_2013. 12. 8

2013년도 얼마 남지 않았다. 올 한 해 우리 로봇기업들의 실적은 어떤지 궁금해진다.

전년보다 많이 좋아졌다는 기업도 있고, 아직 어렵다는 기업도 많이 있다. 하지만 언제 우리 로봇 기업이 풍족한 적이 있었는가. 정부에서 지원해주는 정책 자금에 기대어 연명하는 한계 기업이 로봇산업에도 분명 존재할 것이다.

내년에도 정부는 1360억 원이라는 거금을 로봇산업 육성을 위해 지원한다. 하지만 이 가운데서 실제 로봇 관련 기술개발 자금은 로봇산업 원천기술개발 691억 원과 지능형 보급 사업 150억 원을 합친 841억 원 정도가 기업들과 관련 있는 자금이다. 나머지는 인천로봇랜드와 로봇산업 클러스터 조성, 로봇산업진흥원 예산으로, 기업과는 관련이 적다. 지난해보다 줄어든 이 자금을 놓고 400여개 로봇기업들이 치열하게 서로 과제 수주를 위한 전쟁을 치룰 것이다. 예산집행 기관은 이 예산을 작지만 공평하게 많은 기업들에게 나누어 줄 것인지, 아니면 한계 기업이나 과제를 위한 과제는 배제하고 실제 로봇 시장 창출에 기여할 수 있는 기업들에게 더 많은 자금을 지원해 줄 것인지 고민이 많은 듯하다.

그러나 이제 우리도 로봇 시장 창출을 위한 전략으로 방향을 바꾸어야만 한다. 한계 기업, 과제만을 위한 기업은 과감히 배제해야 한다. 이것이 우리 로봇 기업들이 살 길이다. 정부는 지난 2002년부터 올해까지 12년간 로봇산업의 기술 개발, 수요 창출, 기반 조성에 1조 730억 원이 넘는 자금을 투자하였지만, 아직도 산업 규모가 투자대비 작다는 불만의 목소리가 나오고 있다. 이러한 정부의 로봇 업계에 대한 불만의 소리를 우리 스스로 한번 겸허히 돌아보아야 한다. 언제까지 우리 로봇 기업들은 정부만 바라보고 살아갈 것인가? 이제 우리 기업도 시장 창출을 위한 노력을 기울여야 한다.

전략 경영의 아버지로 불리는 이고르 앤소프H. Igor Ansoff 박사는 '앤소프 매트릭스'를 통해 기업에게 기존 제품과 시장에 신규 제품과 시장을 연결시켜 4가지 형태의 성장 기회를 제시하고 있다. 이 4가지는 기존 시장에 기존 제품을 들고 침투하는 시장침투전략, 기존 제품을 가지고 신시장에 들어가서 시장을 개발하는 시장개발전략, 신제품을 들고 기존 시장으로 들어가는 신제품개발전략, 신제품으로 새로운 시장에 진출하는 다각화전략이 그것이다.

우선 시장침투전략은 다른 기업의 시장을 빼앗아오는 것으로, 가장 보수적 방법이라 볼 수 있다. 기업들이 고객 관계 마케팅이나 광고, 판촉 등 적극적인 방법을 통해 기존 시장에서 경쟁하는 것이다. 기업 입장에서는 원가나 품질 문제가 중요한 경쟁 요인이 될 수 있다. 삼성, LG가 장악하던 국내 청소로봇 시장에 중소 후발주자들이 뛰어든 사례나, 레고 로봇에 대항하기 위해 국내 기업들이 블록 형태의 로봇을 만들어낸 것 등이 좋은 예라고 할 수 있다.

기존 제품으로 시장을 창출하는 것은 지금까지 해당 제품을 사용하지 않던 새로운 시장을 발굴하거나, 해외 시장을 새로 개척하는 경우이다. 마미로봇이 해외 시장을 공략하기 위해 해외 지사를 설치하여 마케팅 활동을 벌이거나, 식당이나 유치원 등 가정이 아닌 전혀 새로운 사용자층을 개발하여 공략하는 것이 모두 시장 개발전략의 일환이다.

신제품을 출시하여 기존 제품이나 서비스에 만족하지 못하던 고객을 새로운 수요층으로 창출하는 것이 신제품개발전략이다. 신제품은 기업 입장에서는 기존 제품을 변형하거나 개선 또는 확장한 것일 수도 있지만, 소비자들에게는 '최초의 것'이라고 인식되는 것이다. 애플이 아이폰으로 기존 휴대폰 시장을 단숨에 제패해버린 것이 좋은 사례이다. 청소 로봇에 물걸레 기능을 추가하여 진공청소기에 밀렸던 기능상의 단점을 극복, 새로운 수요를 창출한 것도 신제품개발전략의 예시이다.

새로운 제품으로 새로운 시장에 진출하는 다각화전략은 리스크가 많지만 성공의 대가는 그만큼 높다. 신제품으로 새로운 시장에 진입하는 것을 흔히 블루오션 전략이라고 한다. 미국 인튜이티브 서지컬이 다빈치로 로봇수술이라는 새로운 분야를 개척해 복강경 수술 로봇시장을 독점한 것, 네덜란드의 렐리^{Lely}가 사람 대신 소젖을 짜는 밀킹 로봇으로 성공한 것 등은 다각화 전략의 좋은 예이다.

렐리의 밀킹 로봇

위에서 열거한 시장창출 전략 중에 어떠한 전략이라도 좋다. 이러한 노력들이 우리 로봇 기업들에서 지속적으로 이루어진다면 2조 원대 초반에 머물러 있는 국내 로봇산업을 3조 원, 5조 원 그리고 2022년 25조 원까지 키울 수 있는 원동력이 될 것이다. 2014년에는 우리 로봇기업들이 과연 어떤 전략을 펼쳐 시장을 창출하게 될지 사뭇 기대된다.

제2장

서비스 로봇의 싱귤러리티

누가 고양이 목에 방울을 달아 로봇 시장을 키울까?_2017. 7. 30

세계적 컨설팅 그룹인 보스턴컨설팅그룹BCG과 미국 시장조사 업체 트랙티카Tractica가 세계 로봇산업의 성장 속도가 예상보다 빠르게 진행되고 있다며 최근 기존에 발표했던 시장 전망치를 더 높게 발표했다.

지난 2014년 BCG는 글로벌 로봇 시장 규모를 2025년까지 670억 달러(약 75조 원)에 달할 것으로 예상했다. 하지만 올해 발표한 시장 예측 보고서에서는 2025년 로봇산업 시장 규모가 870억 달러(약 97조 원)에 달할 것으로 예상했다. 불과 3년 만에 자그마치 30%, 200억 달러(약 22조 원)가 더 성장할 것으로 발표한 것이다. BCG가 이처럼 시장 전망을 높게 잡은 것은 바로 개인 서비스 로봇 시장이 크게 성장할 것으로 보았기 때문이다.

필자는 이러한 로봇 시장, 특히 개인 서비스 로봇 시장의 비약적인 발전은 최근 화두가 되고 있는 인공지능(AI)과 밀접한 관계가 있다고 생각한다.

미국 시장분석 기관 트랙티카는 전 세계 AI시장 매출 규모가 지난해 6억 4000만 달러(7159억 원)에서 2022년 150억 달러, 2025년

368억 달러(41조 1644억 원)로 급성장할 것이라고 전망했다. 특히 로봇과 인공지능을 통합한 시장 전망 자료도 발표했는데 자율주행자동차 등에 인공지능 기술이 통합되면서 로봇시장 규모를 2016년 310억 달러에서 2022년 2370억 달러로 큰 폭의 성장을 이룰 것으로 예측했다.

2020년대부터 나타나기 시작할 자율주행자동차를 비롯해 최근에는 스피커 형태의 인공지능 음성비서와, 인간과 교감을 나누는 소셜 로봇, 교육용 로봇, 엔터테인먼트 로봇 등 다양한 서비스 로봇 분야에서 인공지능의 채택이 점차 일반화되어가고 있다. 이러한 인공지능의 영향으로 더 스마트한 로봇들이 나타나면서 로봇 시장의 발전을 견인하는 것은 아닌가 생각한다.

국제로봇연맹이 발표한 2015년 세계로봇시장은 179억 달러 규모였다. 이 중에서 제조업용 로봇이 111억 달러로 전체의 62%, 전문서비스 로봇이 46억 달러로 26%, 개인서비스 로봇이 22억 달러로 12%를 차지하고 있다.

하지만 국제로봇연맹은 2016년부터 2019년까지 4년간 420만 대의 개인 서비스 로봇이 판매될 것으로 예상했다. 특히 가정용 청소 로봇을 비롯해 잔디 깎는 로봇, 여가 및 레저용 로봇, 노인이나 장애인을 위한 보조 로봇 등이 시장을 주도할 것으로 보았다. 금액으로는 224억 달러다. 전문 서비스 로봇 역시 같은 기간 450억 달러 시장 규모를 보일 것으로 예측했다.

최근 화두가 되고 있는 4차 산업혁명의 핵심 키워드 중 하나가 로봇이다. 우리나라에서도 근래 LG전자를 비롯해 네이버 등에서 서비스 로봇사업에 적극적인 모습을 보이고 있다. 그러나 아직도 우리나라 로봇기업들은 청소 로봇이나 인공지능 비서 형태의 제품, 교육용 로봇 등에만 머물고 있다. 물론 일부 기업이 소셜 로봇이나 재활 로봇 그리고 노인이나 장애인을 위한 보조 로봇을 개발하고 있지만 아직 이렇다 할 성과를 거두지 못하고 있다.

아직은 산업용 로봇이 대세라지만 이미 세계적인 흐름은 산업용 로봇 시장에서 비산업용 로봇 시장으로 그 무게 중심이 전환되고 있다. 하지만 아직도 우리는 과거에만 머무르고 있는 것은 아닌지 모르겠다. 로봇시대는 오고 있는 중이 아니라 이미 우리 생활 도처에 와있다.

미국, 일본, 중국에서는 다양한 생활밀착형 서비스 로봇이 개발되면서 진정한 로봇시대를 만들고 있는데 우리에게는 아직도 먼 일인 듯 싶다. 더 많은 서비스 로봇들이 나와 우리 생활 곳곳에서 사람을 도우면서 인간의 삶을 윤택하게 해주는 진정한 의미의 서비스 로봇 시대가 도래했으면 좋겠다. 누가 고양이 목에 먼저 방울을 달까?

서비스 로봇 1000만 시대_2017. 6. 26

한국로봇산업진흥원KIRIA은 2008년 3월 제정된 '지능형 로봇 개발 및 보급촉진법' 제41조에 따라 설립되었다. 법 내용을 살펴보면 '지능형 로봇산업 진흥을 위한 사업을 효율적이고 체계적으로 추진하고 지능형 로봇산업 관련 정책의 개발을 지원하기 위하여 한국로봇산업진흥원을 설립한다'고 규정되어 있다. 그리고 2년 후인 2010년 대구로 진흥원 입지가 확정되었고, 그해 6월 현재의 진흥원이 설립되었다. 그리고 7년이 흘러 지난주에는 창립 7주년 기념식 및 KIRIA 비전 2022 선포식이 열렸다.

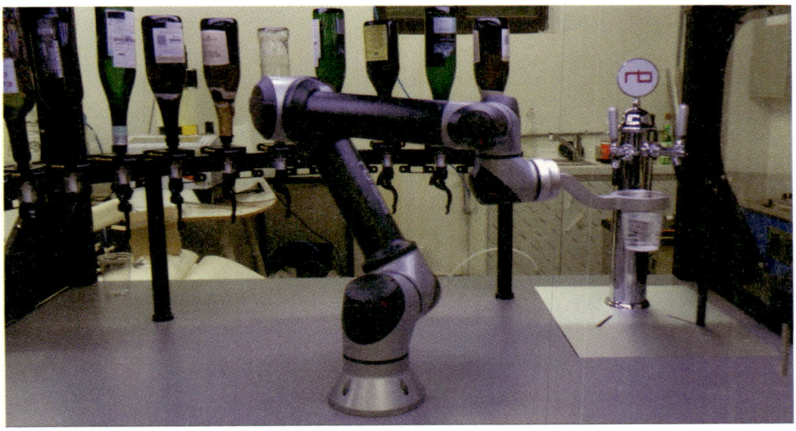

다양한 칵테일을 만들어주는 바텐더 로봇

이날 비전 선포식에서 필자의 눈길을 끈 것은 '2022년까지 국내 로봇 시장 규모 누적 50조 원, 서비스 로봇 1000만 가구 보급을 달성한다'는 목표였다.

사실 이보다 앞서 정부 주도로 로봇 관련 몇 번의 비전 발표가 있었다. 2009년 4월 1차 지능형 로봇 기본계획에는 '2013 로봇 3대 강국 · 2018 로봇 선도 국가'라는 비전이, 2012년 10월 로봇 미래전략(2013~2022) 보고대회에서는 '2022년 세계 최고의 로봇 활용 국가'라는 비전과 함께 '로봇시장 25조 원, All Robot 시대 구현'이라는 목표가 발표되었다. 또 2014년의 제2차 지능형 로봇 기본계획에는 '2018년 국내로봇시장 7조, 수출 2.5조, 로봇전문기업 600개 확대'라는 목표가 발표되었다.

이러한 비전과 목표 가운데 이미 물 건너간 것도 있고, 아직 진행 중인 것도 있다. 문제는 비전과 목표가 발표된 후에 누군가가 꾸준히 그 비전과 목표를 관리하고 달성하기 위해 관련자 모두를 독려하고 노력했느냐는 것이다. 그냥 위에 잘 보이기 위해서 발표 한 번하고 그대로 끝내버린 것은 아닌지 반성해볼 일이다. 그런 의미에서 이번에 발표된 비전과 목표는 전과는 다른 모습을 보여주었으면 좋겠다.

사실 1000만 대라는 수치는 산업적으로 상당히 상징적 의미를 갖고 있다. PC, 자동차, 스마트폰 모두 1000만 대를 넘어서면서 산업이 크게 성장했다. PC 1000만 대 시대를 열기 위해 1999년 정부는 국민 PC 보급사업을 주도해 100만 원 이하의 저가 개인용 컴퓨터를 가정에 보급하였다. 그 결과 사업시행 6개월 동안 43만여 대의 PC가 보급되어 성공적인 국가정책사업으로 평가받는다. 당시 필자는 현장에서 이 작업을 직접 수행했었기에 감회가 새롭다. 이러한 노력이 2000년 국내 PC 1000만 대 시대를 앞당기는 데 기여했음은 부인할 수 없다. 자동차의 경우 1997년 보유 대수가 처음 1000만 대를 넘어섰고, 2003년에는 국내 승용차 보유 대수가 1000만 대를 돌파했다. 스마트폰 보급 역시 2009년 11월 아이폰의 첫 도입 이후 2011년 3월 1000만 대를 넘어섰다.

유진로봇의 청소 로봇 '아이클레보 O5'

일반적으로 마케팅에서는 어떤 기기가 100만 대 가량 보급되면 유행을 만들고, 500만 대쯤 보급되면 하나의 트렌드가 되고, 1000만 대가 보급되면 새로운 문화를 낳는다고 이야기한다. 만일 2022년에 개인 서비스 로봇이 1000만 대 보급된다면 국내 개인 서비스 로봇 시장은 진입기를 지나 본격적인 성장기로 접어들 것이다. 또한 개인 서비스 로봇 시장 확산으로 관련 부속품, 각종 애플리케이션과 액세서리 시장 등도 함께 성장할 것이다. 우리는 이미 PC, 자동차, 스마트폰을 통해 이러한 경험을 해왔다.

이날 비전 선포식에서 문전일 한국로봇산업진흥원 이사회 의장은 건배사를 통해 '비행기'론을 이야기했다. 즉 '비전을 행동으로 옮기면 기적이 일어난다'는 뜻이다. 김창호 대경로봇기업협회장 역시 축사를 통해 "비전을 선포만 하면 하나의 종잇조각에 불과하다. 이 비전을 로봇 관련 산학연관에 모두 전파해서 로봇 관계자들이 철학을 공유할 수 있도록 하자"고 제안했다.

비전 선포는 했다고 끝나는 것이 아니라 그때부터가 시작이다. 서비스 로봇 1000만 대 보급이 하나의 구호로 끝나지 않으려면 로봇 관련 산학연관 종사자 모두 함께 노력하고 지혜를 모아야 한다. 필요하다면 국민PC 보급사업처럼 개인용 서비스 로봇도 사양을 정하고 대량 생산을 통해 원가를 낮춰 국민의 생활편익을 위해 저가로 보급하는 방법을 찾아볼 수 있을 것이다.

우리 모두 할 수 있다는 자신감으로 행동에 옮긴다면 기적은 일어날 것이다. 한국로봇산업진흥원도 이 비전을 모든 사람들과 공유하도록 하고, 또 주기적으로 목표와 비전을 관리하고 진행 상황을 점검해 문제가 있다면 이를 해결해나가야 한다. 국내 로봇산업의 진흥을 위한 사업을 효율적이고 체계적으로 추진해, 서비스 로봇 1000만 가구 보급이라는 목표가 앞으로 차질 없이 달성될 수 있도록 진흥원도 많은 역할을 해주기를 기대한다.

로봇을 필요로 하는 분야는 다양하다_2017. 5. 15

그제 13일은 주말이었지만 필자는 오랜만에 한 단체의 요청으로 외부 강연을 다녀왔다. 강연하는 곳은 한국통합물류협회에서 실시하는 물류전문 컨설턴트 양성과정이었다. 사실 아는 것이 별로 없어 외부 강연은 1년에 한두 번 다닐 정도로 사양하는 경우가 대부분이지만, 이번 강의는 최근의 다양한 물류 로봇에 대한 소개를 해달라는 교육 책임자의 간곡한 부탁을 거절할 수 없어 몇 번의 고민 끝에 수락했다. '최근의 로봇개발 현황과 추세'라는 제목으로 글로벌 로봇 시장과 국내 로봇시장 그리고 물류, 유통 로봇 현황을 1시간 넘게 강의하였다.

물류전문 컨설턴트 양성과정의 수강생은 국내 대기업 물류회사를 비롯해 주로 물류 관련 기업에 종사하는 대표자나 책임자, 실무자들이었다. 벌써 10년 넘게 운영하고 있는 과정이라고 했다. 교육 후에는 일본의 물류 로봇 현장 견학도 다녀올 예정이라고 한다.

국제로봇연맹IFR의 자료에 따르면 전문 서비스 로봇 시장 중에서 가장 많은 판매가 이루어진 분야가 물류 로봇 분야로 2015년도에 1만 9000대가 판매되었다. 그 다음이 국방, 필드 로봇, 의료 로봇 순이다. 그리고 2016~2019년 기간에 물류 로봇은 17만 5000대가 판매될 것으로 예측될 만큼 최근 가장 주목받고 있는 분야이기도 하다. 금액으로 보면 2014년 5억 달러, 2015년 8억 달러였는데 2016~2019년 53억 달러(6조 3000억 원)로 크게 증가할 것이라고 한다.

2019 로보월드에 참가한 현대로템의 착용형 로봇

현재 물류 로봇 시장을 지배하고 있는 것은 AGV무인운반차 : Automated Guided Vehicle로 80% 이상을 차지하고 있다. 향후에도 비제조 분야에서 무인운반차는 전자상거래 기업들이 자체 물류창고 등을 자동화하기 위해 사용하거나 병원이나 공항 같은 공공장소에서도 사용이 확대될 것으로 예상된다. 제조분야에서는 무인운반차를 인간과 로봇의 협업을 지원하는 데 또는 소품종 소량생산과 같은 유연한 제조 환경에 사용하거나 인더스트리 4.0의 중요한 도구로 사용할 것으로 보인다.

이러한 미래 성장 가능성 때문에 산업부도 작년에 로봇산업 발전전략을 발표하면서 5대 유망 품목 조기 상용화를 추진하기로 했는데, 여기에 첨단제조로봇, 의료재활, 소셜 로봇, 안전 로봇 등과 함께 무인 이송 로봇이 포함되어 있다. 물류 로봇의 종류도 실내 물류 로봇, 실외 물류 로봇, 팔레타이징, 배송, 패키징, 핸들링 등 다양하다. 최근 물류 로봇이 각광받는 이유는 온라인 쇼핑 증가, 빠르고 효율적인 배송 시스템 수요 확대, 창고에서의 로봇 지원이 필요하기 때문이다.

테크나비오 리서치 시장조사에 따르면 2020년까지 물류 로봇 시장은 연평균 33% 증가할 것이라고 한다. 현재 ABB, 쿠카, 화낙, 야스카와, 가와사키 등의 글로벌 로봇기업들이 주요 물류 로봇 기업으로 시장을 이끌어 가고 있지만, 최근에는 로커스 로보틱스Locus Robotics, 페치 로보틱스Fetch Robotics, 리씽크 로보틱스Rethink Robotics, 클리어패스 로보틱스Clearpath Robotics, 그레이오렌지 로보틱스GrayOrange Robotics 등 스타트업들이 등장하면서 무섭게 성장하고 있다.

우리나라도 유진로봇, NT로봇, 마로로봇테크, YSTT 같은 로봇기업들이 자체 혹은 외국 제품을 가지고 영업하고 있다. 레이저 스캐너 기반의 내비게이션 기술이 발전하면서 공장 물류 로봇도 자율주행 형태로 변화하고 있고, 인공지능을 통한 자동화가 진전되면서 물류 로봇도 컨베이어 벨트, 일관 공정 작업 등의 맨 마지막 단계에서 대규모로 활용될 것으로 보인다.

이렇듯 물류 로봇 수요가 산업계에 크게 확산되고 있는 상황에서 주목해야 할 시장이 바로 떠오르는 아시아 물류 로봇 시장이라고 한다. 아시아 지역은 홈쇼핑, 온라인 및 모바일 유통 시장이 눈부신 성장을 지속하고 있는데 반해 상대적으로 유통업체들의 물류센터나 고객 배송시스템이 낙후되어 있다. 이는 우리나라도 예외가 아니다.

거기에 더해 전 세계 인구 70억 가운데 35억이 밀집되어 있기에 아시아 지역이 바로 블루오션인 것이다.

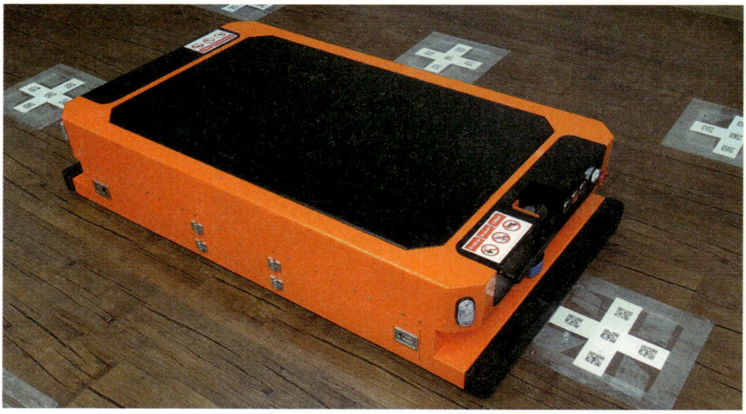

마로로봇테크의 물류 로봇

이날 만난 물류기업 대표들은 앞으로 시간당 1만원으로 알바 비용이 올라가면 로봇을 적극 도입할 수밖에 없을 것이라고 말했다. 몇몇 대기업을 빼고는 물류 회사도 로봇업체처럼 대부분 영세업체라고 하며, 이들이 받는 하청 택배 단가는 우리가 생각하는 것보다 형편없이 낮았다. 그들도 생존을 위해 앞으로 로봇을 도입할 수밖에 없겠다는 생각이 들었다.

우리 주위에서 로봇을 사용하는 분야는 점차 늘어나고 또 다양해지고 있다. 로봇업계가 생각하는 것 이상으로 로봇을 필요로 하는 분야는 많을 수 있다. 시야를 넓게 보고 그러한 분야와 협력을 맺어 우리 로봇산업이 한층 더 발전할 수 있는 길은 없는지 찾아보는 노력을 하는 것도 우리가 할 일이라는 생각이 들었다.

가사 서비스 로봇을 기다리는 이유_2016. 4. 10

최근 맞벌이 가정이 늘어나면서 여성들의 가사나 육아 부담이 늘어나고 있다. 2013년 정부가 발표한 가구통계조사에 따르면 맞벌이 가구는 전체의 43%로, 두 집 중 한 집은 맞벌이 가정일 만큼 그 수는 꾸준히 증가하고 있다. 취업난과 조기퇴직, 비정규직 증가처럼 일자리의 질이 떨어지고 소득이 불안정해지다보니 이제는 둘이 벌지 않으면 먹고 살기 힘든 생계형 맞벌이가 늘어나고 있는 것이다.

작년 통계청이 발표한 한 자료에 따르면 우리나라 여성의 하루 가사 노동시간은 3시간 47분으로 나타났다. 일본은 4시간 59분, 중국은 3시간 54분, 미국은 4시간 8분, 영국 4시간 18분이라고 한다. 이처럼 가사 일이 우리나라뿐만 아니라 전 세계 많은 여성들에게 큰 부담으로 다가오는 것이 현실이다. 이를 해결하기 위해 우리 정부도 전환형 시간 선택제 지원, 남성 육아휴직, 대체인력 지원 서비스, 관행적 야근 개선 등 '맞벌이 가정 일 · 가정 양립 지원사업'을 하고 있기는 하지만 얼마나 효과를 거두고 있는지는 모를 일이다.

최근 일본의 한 통신판매 회사와 청소 로봇 업체 등이 일본 주부의 가사 사정을 알아보기 위해 기혼 여성 1405명을 대상으로 공동 설문조사를 실시했다.

이 조사 결과 90% 이상이 "가사가 제대로 되어있지 않으면 스트레스를 받는다"고 답했다고 한다. 아무리 바빠도 집안이 깔끔히 정리되어 있으면 좋겠다고 생각하는 기혼 여성이 많다는 의미이다. 또한 가장 시간이 걸리는 가사가 무엇이냐는 질문에는 과반수의 54%가 '식사 준비'라고 답했고, 그 뒤는 '방 청소(23%)', '세탁(8%)' 순이었다.

요리 로봇

그래서 주부들에게 누군가 대신해주기를 원하는 가사일 Top 3를 조사해보니 가장 많이 꼽힌 것이 '청소'였다고 한다. 화장실이나 욕조 등 욕실에서 방 청소까지 청소 전반에 가장 많은 요구가 집중되어 있기 때문이었다. 그 다음으로 시간이 걸리는 가사인 '식사 준비'였고, 가장 주부가 싫어하는 집안일로는 '다림질'로 나타났다.

여성들의 사회 진출이 늘어나면서 가사로 인해 느끼는 부담감은 남성들이 생각하는 것 이상인 것으로 보인다. 이러한 부담을 줄여주기 위해 로봇 업계에도 오래 전부터 청소 로봇을 비롯한 가사 도우미 로봇을 개발해 상용화해왔다. 전자업체인 파나소닉도 세탁, 건조 등 세탁기 기능에 빨래 접기 및 분류까지 가능한 세탁 전용 로봇을 작년에 개발해 올해부터 소비자들로부터 사전 주문을 받는다고 한다. 또 독일의 한 대학 연구진이 인터넷 사이트인 '위키하우[WikiHow]'에 접속해 피자나 팬케이크를 만드는 방법을 읽고 실제 요리하는 로봇에 관해 연구를 진행하고 있다.

여성 소비자들의 수요는 확실히 존재하지만 로봇 기술이 아직은 미치지 못하기 때문에 일반화가 안 되는 모양새다. 하지만 이러한 가사 도우미용 로봇들이 우리 실생활에서 실제로 사람을 위해 도움을 주고 사용될 때 진정한 로봇 시대가 오는 것이다. 가사 부담으로부터 주부들을 해방시켜주는 로봇 개발에 정부나 업계 모두 적극 나서야 할 때다.

인공지능과의 공존시대_2016. 3. 13

전 세계 언론이 한국에서 벌어지고 있는 세기의 대결에 이목을 집중하고 있다. 인공지능 알파고와 이세돌 9단과의 '구글 딥마인드 챌린지 매치' 때문이다. 대결 결과 인공지능 알파고가 승리하면서 많은 사람들에게 인공지능이라는 것이 얼마나 무서울 수 있는 존재인지 확실히 각인시켜주었다고 볼 수 있다.

인공지능 홀로그램 스피커

사실 본지에서도 인공지능이 지금처럼 발전하게 되면 30년 안에 현재 존재하는 직업의 50%가 사라질 것이라는 전망과, 2045년이 되면 인공지능이 사람의 지능을 능가하는 싱귤러리티가 도래할 것이라는 기사 그리고 스티븐 호킹 박사나 엘론 머스크 테슬라 CEO가 주장했던 것과 같이 지금처럼 컴퓨터 기술이 발전하면 사람이 로봇에게 지배당할 것이라는 인공지능의 위험성에 대한 기사 등을 수없이 보도했다. 하지만 지금까지는 그러한 사실이 피부에 크게 와닿지 않았던 것이 사실이다.

그러나 이번 세기의 대결을 통해 전문가들의 그러한 경고와 우려가 미래에 일어날 일이 아닌 바로 눈앞의 현실이 되어있다는 사실에 전문가들뿐만 아니라 많은 국민들조차 큰 충격을 받았다. 필자는 바둑에 대해서는 문외한이라 이번 대국을 앞두고 몇몇 로봇 분야에 계신 전문가들께 누가 이길 것 같냐고 물어보았다. 어느 분은 처음 한두 판은 이세돌 9단이 이길지 몰라도 뒤로 갈수록 인공지능 알파고가 유리할 것으로 판단하였고, 어느 분은 잘 모르겠다면서 확률은 50:50이라고 하셨다. 또 알고리즘이 어떻게 되어있는지 잘 모르겠지만 알파고가 경우의 수를 따지는 것뿐만 아니라 스스로 학습해서 창의적이기까지 하다면 이세돌 9단이 이기는 것은 힘들다고 하였다. 하지만 결과는 인공지능에게 인간 바둑 챔피언이 4국 중 3번을 지고 말았다. 아직 대국이 모두 끝나지는 않았지만 그래도 이세돌 9단이 인공지능의 약점을 끝까지 파고들어 한 번이라도 이겼으니 위안이 되기도 한다.

지난주에 있었던 제어로봇시스템학회에서도 알파고와의 바둑 대결 이야기는 모두의 관심사여서 많은 이야기가 오고 갔다. 이번 구글 딥마인드 챌린지 매치로 알파고는 하루아침에 IBM 왓슨을 능가하는 최고의 인공지능으로 전 세계에 확실히 각인되었다. 거기에 100만 달러의 상금과는 비교할 수 없을 정도의 천문학적인 홍보효과도 거두었다. 교육열로만 따지면 전 세계에서 둘째 가라고 하면 서러워할 우리나라 학부모, 그 중에서도 중학교 3학년 자녀를 둔 학부모들 사이에서는 우스갯소리로 알파고가 어디에 있는 고등학교인데 이 난리들이냐며 우리 애들도 그 학교에 한번 보내야겠다고 한단다. 들은 바에 의하면 실제로 캐나다에 알파고[Alpha High School]라는 고등학교가 존재하고 있다고 한다.

이번 세기의 대결에서 비록 인간 바둑 고수가 인공지능 알파고에 패했지만, 하루아침에 전 세계에 우리나라가 바둑강국이라는 이미지를 확실히 심어주었다. 그뿐인가. 바둑 열풍이 불면서 바둑판이나 바둑알 등 관련 제품들 매출이 크게 증가했다고 하며, 국내 로봇 기업들 주가에도 영향을 미쳤다. 그리고 무엇보다도 국내에서도 인공지능의 중요성을 인식하는 계기가 되었다는 것이다. 갑자기 정부도 인공지능 분야를 전략 산업 분야로 육성하겠다는 기본 방침을 내놓았으니 말이다. 늦은 감은 있지만 지금이라도 정부가 관련 분야를 육성하겠다고 나서니 반가운 일이다. 우리나라는 아직 인공지능 기술 관련하여 제대로 된 인적 · 산업적 기반도 미약하고, 인공지능 기술 전반에서 선진국과 비교해 격차가 크게 나는 것 또한 현실이다.

빅데이터나 딥러닝 기술은 인공지능과 밀접한 관련이 있다. 또 기계가 스스로 학습하는 것을 의미하는 머신러닝은 인공지능의 전 단계라고 할 수 있다. 이런 머신러닝을 활용한 로봇은 이미 다양한 서비스에 쓰이고 있다. 사실 인공지능 기술은 로봇산업, 자동차 산업, 의료 산업을 비롯해 제조 산업뿐만 아니라 금융, 법률 서비스, 교육 등 광범위한 분야에 접목되면서 새로운 산업혁명의 물결이 거세게 일어나고 있다. 그런데도 우리나라는 아직 전문 인력도 부족하고 제대로 된 전문가도 많지 않다.

해외에서는 벌써 IBM, 구글 이외에도 애플, 바이두 등 글로벌 IT 기업을 중심으로 인공지능 기술에 경쟁적으로 투자를 확대하고 있으며, 어느 정도 가시적 성과를 도출하고 있다. 정부도 나서야겠지만 제조, 금융, 의료, IT 관련 우리 기업들도 인공지능 기술 개발에 적극 나서야 한다. 우리나라는 우수한 인적 자원을 가지고 있다. 인공지능 기술을 만드는 것은 바로 사람이다. 그리고 인공지능 기술을 어떻게 사용할지도 인간의 손에 달려 있다. 제조, 금융, 의료 등 분야에 인공지능 기술이 접목되면서 우리는 벌써 인공지능과 공존하는 시대에 살고 있다. 인공지능을 너무 두려운 존재로 생각하기보다는 인간의 삶을 윤택하게 하는 하나의 도구로 받아들이면서 어떻게 하면 인공지능을 인류에 잘 활용할 것인가 고민한다면 더 편리하고 윤택한 미래를 맞이할 수 있지 않을까.

메르스와 로봇_2015. 7. 5

중동호흡기증후군(메르스) 사태로 온 나라가 혼란에 휩싸이며 한바탕 홍역을 치렀다. 아직도 완전히 끝나지는 않았지만 메르스가 한참 창궐했을 때와 비교하면 서서히 종식되는 분위기다.

미국에서도 1년여 전인 작년 5월에 첫 메르스 환자가 발생한 데 이어 며칠 후 두 번째 환자가 발생했지만 더 이상 추가 감염자는 나오지 않았다. 반면 한국은 첫 감염자가 발생한 5월 20일 이후 5일 오전 6시 현재 메르스 확진자가 총 186명, 사망자가 33명이다. 미국은 메르스뿐만 아니라 작년 9월 에볼라 바이러스 감염자까지 나왔지만 추가 방역에 성공하면서 41일 만에 에볼라 사태까지 마무리했다.

같은 바이러스를 두고 왜 두 나라 사이에 이렇게 많은 차이가 난 것일까. 필자는 그 이유를 몇 가지 생각해 보았다. 한국인만이 가지고 있는 특별한 가족 간의 정 때문이겠지만, 한국에서는 병원에 입원한 환자를 면회하거나 간병하던 가족들이 잇달아 감염된 사례가 다수 발생했다. 간병인과 면회객들에 대한 좀 더 철저한 방역과 관리가 이루어졌다면 나라 전체가 혼란에 빠지는 상황은 막을 수 있었을 것이다. 환자를 돌보기 위해 가족이 병실에서 함께 잠자면서 생활할 수 있는 곳은 전 세계에서 우리나라 병원뿐이라는 소리도 들린다.

며칠 전 가족 중의 한 분이 병원에 입원해 대학병원을 찾을 일이 있었는데, 메르스 때문에 면회시간과 면회객에 대한 통제와 관리가 철저해서인지 병원이 평소보다 많이 한적했다. 그리고 국내 최대, 최고 시설을 자랑하던 삼성서울병원을 통해 많은 환자가 감염되면서 삼성 그룹은 이미지에 커다란 타격을 입었다. 몸이 조금만 아프면 무조건 대형 병원을 찾는 우리 국민들의 행태가 변하지 않는 한 이런 일은 언제든 또 다시 발생할 수 있다.

그러나 무엇보다도 미국이 이렇게 단시간에 바이러스를 잡을 수 있었던 것은 바로 로봇 때문이라고 한다. 작년 10월 본지를 통해서도 소개한 바 있듯이 에볼라 환자 발생으로 미국 전역에 공포 분위기가 점차 확산되자 접촉 감염을 피하기 위한 수단으로 의료진을 대신해 로봇이 에볼라 바이러스와의 전쟁에서 전면에 나섰다.

이때 리틀모우^Little Moe^라는 이름을 가진 멸균 로봇이 에볼라 원인균을 박멸하기 위해 최전선에 등장했는데, 멸균 로봇 상단에는 둥글게 생긴 전구 형태의 머리 부분이 있어 여기에서 강력한 자외선 광선이 발사된다. 이 자외선이 에볼라 바이러스의 DNA에 직격탄을 가함으로써 바이러스를 박멸한다. 이와 같은 로봇에 의한 살균 방식은 미국 전역에 걸쳐 250개 병원에서 현재 사용 중이다.

리틀모우는 제넥스라는 미국 텍사스주에 있는 로봇 스타트업 회사가 개발한 멸균 로봇이다. 이 로봇은 5분 만에 병실의 모든 균들을 퇴치할 수 있으며, 겉으로 노출된 에볼라 바이러스는 2분이면 살균시킬 수 있다고 한다. 병원 내에서 자율주행하는 리틀모우는 초당 자외선 살포치를 1.5배 확대함으로써 병실 멸균에 만전을 기하고 있다. 이

로봇을 개발한 관계자는 리틀모우를 사용하는 병원은 최고 50%까지 감염 사례가 줄었다고 한다. 외신에 따르면 멸균 로봇에 대한 병원들의 반응이 좋아지면서 제품 판매가 호조세를 보이고 있다고 한다. 이런 이유 때문인지 올해 초 제넥스가 투자를 받을 때 이 회사의 성장성을 겨냥해서 많은 투자기관이 몰렸다.

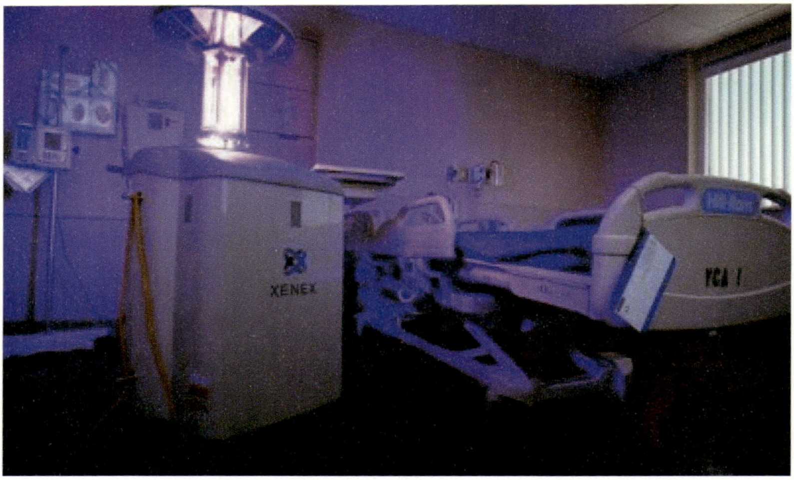

제넥스의 멸균로봇 '리틀모우(Little Moe)'

얼마 전 미국에서 열린 세계재난구조 로봇대회 다르파 로봇 챌린지 DRC에서 카이스트 휴보가 우승을 차지하면서 우리나라의 뛰어난 로봇 기술을 세계에 당당히 알렸다. 하지만 우리나라는 아직도 살균 로봇이 없다. 이번 메르스 사태를 겪으면서, 우리는 또 살균 로봇에 대한 필요성을 절감하였다. 유비무환이라는 말이 있듯이 무슨 일이 발생하기 전에 미리미리 준비하고 대처한다면 많은 인명피해를 줄이고 국가경제가 추락하는 일도 방지할 수 있을 것이다.

일본 원전사태가 발생하면서 DRC 대회가 생겨나 전 세계 재난로봇 기술이 한 단계 도약하는 기회가 되었다. 또한 세월호 참사 당시에도 물살이 빠르고 수심이 깊은 곳에서도 사용할 수 있는 수중 로봇과 안전 로봇 개발에 대한 중요성이 부각되었다. 이번 메르스 사태가 멸균 로봇 개발의 중요성을 깨닫게 하는 기회가 되었으면 한다. 언제 또 바이러스와의 전쟁이 일어날지 모른다. 늦었지만 이제부터라도 정부나 보건당국은 멸균 로봇 개발을 서둘러야 하지 않을까.

평창 올림픽과 로봇_2014. 10. 12

2014 인천 아시안게임이 지난 4일 막을 내렸다. 이번 아시안게임 개막식을 보고 많은 비판들이 있었다. 4년마다 열리는, 아시아의 국가들을 위한 종합 스포츠 대회인 아시안게임 개막식에 너무 많은 연예인들이 참가하면서 이 대회가 마치 한류 콘서트 행사장 같았다는 혹평들이 줄을 이었다. 최종 성화 주자인 탤런트 이영애 씨를 두고도 뒷말이 무성하면서 사상 최악의 개막식이었다는 평가가 있는 걸 보면 개막식을 총지휘한 임권택 감독이나 장진 감독도 많이 곤혹스러웠을 것이다.

얼마 전 필자는 우연한 기회에 2018년 평창 동계올림픽 조직위원회 인사들과 함께 식사할 기회가 있었다. 개 · 폐막식 관련 업무를 하는 분들이었는데, 필자가 로봇신문을 운영하고 있었기에 인천 아시안게임 개막식에 대한 세간의 평가와 함께 평창 올림픽 개막식에 대한 이야기로 자연스럽게 대화가 이어졌다.

로봇과 관련하여 필자에게 아이디어를 물어보길래 필자는 왜 성화주자를 꼭 사람이 해야 하는가에 대한 질문을 던지면서 최종 성화주자를 로봇이 하면 어떻겠느냐고 제안했다. 앞으로 평창 동계올림픽이 개막하기까지는 3년 이상의 시간이 남아있으며, 지금과 같은 기술의 발달이라면 성화 점화를 위해 계단을 오르는 휴머노이드 로봇은 충분히 가능한 일이라고 필자는 생각한다. KAIST

가 개발한 휴보는 걷거나 뛸 수도 있고 또 계단을 오르는 데도 전혀 문제가 없을 것이다. 이와 더불어 필자는 선수촌 방마다 엔터테인먼트 로봇을 한 대씩 설치하여 휴식 시간에 세계 각지에서 온 선수들이 로봇을 가지고 자기 나라에 있는 부모나 연인과 통화하거나, 게임하고 음악도 자유롭게 들을 수 있게 함으로써 한국의 빠르고 뛰어난 인터넷과 로봇 기술을 직접 체험해볼 수 있게 해주면 좋을 것 같다고 말해주었다.

주지하듯 우리나라는 세계 4대 로봇강국이고, 그 사실을 자랑스럽게 내세우고 있다. 정부가 정말 로봇을 개막식 최종 성화주자로 사용한다면 전 세계 몇 십 억 인구들에게 한국의 앞선 로봇 기술력을 홍보할 수 있는 절호의 기회가 될 수도 있다.

사실 이전에도 미국을 비롯한 일부 국가에서도 커다란 스포츠 행사에 로봇을 이용해 많은 사람들에게 새로운 감동과 볼거리를 제공하기도 하였다.

지난 6월 13일 브라질에서 개최된 2014 브라질월드컵 개막식에서는 하반신이 마비되어 일어설 수도 없는 29세의 줄리아누 핀투라는 장애인이 뇌신경과학자 미구엘 니콜레리스 미국 퍼듀대 교수가 개발한 마인드 컨트롤 로봇슈트를 입고 축제의 시작을 알리는 시축에 성공했다. 이 광경은 전 세계 언론의 집중 조명을 받았고, 수많은 장애인들에게 우리도 머지않아 스스로 일어서서 마음껏 정상인처럼 살아갈 수 있다는 희망과 벅찬 감동을 안겨준 한 편의 드라마였다.

미국 메이저리그에서도 로봇이 시구를 위해 등장한 사례가 몇 차례 있었다. 2005년 6월 12일 피츠버그 파이어리츠 홈구장에서 열린 볼티모어 오리올즈와의 시합 전에 시구자로 등장한 S-3는 기록상 메이저리그 최초의 시구 로봇이었고, 2011년 4월 20일 미국 과학의 날을 맞아 이벤트로 준비했던, 필라델피아 필리스와 밀워키 부루어스와의 경기에서는 시구자로 필리봇이라는 로봇이 등장해 큰 인상을 줌과 동시에 로봇의 존재감을 알리는 데 큰 역할을 하기도 했다. 또 2013년 6월 12일 오클랜드 어슬레틱스의 홈 콜리시움 구장에서 열린 어슬레틱스와 뉴욕 양키스의 경기에서도 로봇 시구자가 등장했다. 이 로봇 시구자는 텔레로보틱 피칭 머신 로봇으로, 2900km나 떨어진 곳에 있는 13살짜리 불치병 환자인 닉 르그랜드라는 소년이 자신의 집에서 던진 공의 시구 동작과 운동성을 그대로 모사해서 공을 던졌다. 그리고 가장 최근에는 지난 7월 30일 디트로이트 타이거즈와 시카고 화이트삭스 간에 벌어진 맞수 경기에서 구질이 압권인데다 시속 100마일의 강속구를 내던지는 로봇 사이버영이 시구자로 등장해 관중들의 환호와 박수를 받기도 했다.

이러한 예에서 보듯 월드컵과 메이저리그라는 커다란 스포츠 행사에 로봇이 등장한 경우가 여러 차례 있다. 그렇기 때문에 우리나라에서 열리는 2018년 평창 동계올림픽 개막식에 최종 성화주자로 휴머노이드 로봇이 선발된다면 어떤 유명 연예인보다 더 대한민국이라는 이미지를 확실히 각인시키는 효과가 있다고 생각한다.

3년여 앞으로 다가온 평창 동계올림픽 개막식에 실제로 우리 로봇이 등장하여 전 세계인들을 깜짝 놀라게 할 수 있을지…

서비스 로봇의 싱귤러리티_2014. 10. 5

2013년 로봇산업 실태조사 결과 작년도 국내 로봇산업 시장규모는 2조 4193억 원으로 밝혀졌다. 2012년 대비 6.5% 증가했다.

2010년 1조 9336억 원, 2011년 2조 2197억 원, 2012년 2조 2710억 원에 이어 지속적인 성장세를 유지하고 있다. 물론 두 자릿수의 성장률을 기록하던 지난 시기와 비교해 보면 2012년의 2.3%, 2013년 6.5% 성장은 만족할 만한 수준은 아니다. 그러나 세계 경제의 더딘 회복과 내수 부진, 설비 투자 감소와 같은 어려운 여건 속에서도 국내 로봇산업이 발전하고 있다는 사실에 필자는 국내 로봇기업 종사자분들의 노고에 커다란 박수를 보내고 싶다.

작년 국내 로봇기업 매출을 분야별로 나누어보면 제조용 로봇(1조 7863억 원) 73.8%, 개인서비스 로봇(2779억 원) 11.5%, 로봇부품 및 부분품(2999억 원) 12.4%, 전문서비스 로봇(552억 원) 2.3%였다.

여기서 우리가 주목할 부분은 국내 로봇산업 구조가 압도적으로 제조용 로봇이 우위를 차지하고 있다는 사실이며, 이에 반해 서비스 로봇의 매출은 너무나 빈약하다는 것이다. 특히 서비스 로봇 전체 매출이 3331억 원으로 13.8%이며, 전문서비스 로봇의 경우 552억 원으로 전체에서 겨우 2.3%를 차지하고 있다.

물론 지금까지 로봇산업이 제조업을 중심으로 발전해왔기에 제조 로봇이 로봇 시장을 주도하고 있다는 것은 필자도 잘 알고 있다. 또한 중국을 비롯한 세계 여러 나라의 지속적인 산업용 로봇 수요 증가세가 이어지면서 앞으로도 몇 년간은 수백만 대의 제조용 로봇이 생산 현장에 더 설치될 것으로 보인다. 그리고 지금 전 세계도 세계 금융위기 이후 제조업의 중요성에 주목하면서 제조업 르네상스를 추진하고 있으며, 그 중심에는 제조용 로봇이 커다란 역할을 하고 있음을 부인하지 않는다. 하지만 우리나라 로봇기업들이 너무 제조용 로봇에만 몰두하다가 머지않은 미래에 더 큰 시장으로 성장할 서비스 로봇 시장을 놓쳐버리는 것은 아닌가하는 우려가 앞서는 것도 사실이다.

우리가 알고 있듯이 일부 미래학자들은 인공지능 시스템의 급격한 발달로 2045년이면 로봇이 인간의 지능을 능가하는 싱귤러리티Singularity, 즉 로봇 반란의 시대가 올 수도 있다고 경고하고 있다. 물론 인공지능이 발달하면서 기존의 제조용 로봇은 더욱 치밀함과 유연성을 갖게 되고, 미래에는 지금 이상으로 더 인간이 할 수 있는 일들을 수행할 수 있을 것이다.

그러나 인공지능의 발달로 인한 지능형 로봇의 발전은 아마도 제조용 보다는 서비스 로봇 분야에 더 많은 영향을 줄 것으로 보인다.

최근 일본에서도 산업용 로봇과 서비스 로봇의 싱귤러리티란 단어까지 등장했다. 지금까지 산업용 로봇은 일손 부족을 보완하기 위해 단순 반복 작업을 자동화함으로써 공장 및 제조 분야를 지원해 왔지만, 향후에는 인공지능 개발로 산업용 로봇보다 서비스 로봇 분야의 시장이 더 커질 것이라는 논리다.

이러한 논리를 뒷받침하듯, 국제로봇연맹에 따르면 세계 서비스 로봇 시장 규모는 현재 5조 원에서 2020년이면 169조 원까지 33배 이상 커질 것으로 전망했다. 일본 경제산업성도 현재 8600억 엔(약 8조 6600억 원)으로 추정되는 일본 로봇산업 시장 규모가 2020년에는 약 2조 8500억 엔으로 커질 것으로 예상하면서, 특히 서비스 등 비제조 분야의 시장규모는 2020년에 지금보다 20배 이상 커질 것으로 전망하고 있다.

우리나라 로봇기업들도 이러한 미래 성장성과 가능성을 보고 제조용 로봇 보다는 좀 더 비제조분야인 서비스 로봇 개발에도 신경을 써야 할 것이다. 서비스 로봇의 싱귤러리티는 결코 먼 미래의 일이 아니기 때문이다.

물고기 로봇

인간 그리고 인간을 위한 로봇_2014. 5. 10

로봇은 우리에게 무엇인가?

처음에 로봇은 작업현장에서 인간이 하는 위험하고 반복적이며 힘든 노동을 대신할 목적으로 개발되었다. 따라서 로봇의 어원인 체코어 '로보타Robota'처럼 로봇을 노동자처럼 일하는 하나의 기계라는 쪽에 더 많은 의미를 두었다. 하지만 로봇 기술의 발전과 자율적으로 판단하고 행동하는 지능형 로봇의 등장은 로봇의 영역을 넓게 확산시키고 있다. 이제는 로봇이 인간 대신 일만 하는 게 아니라 인간과 공존하면서 우리 삶의 한 부분이 되어가고 있다.

개념적 의미에서 지능형 로봇이란 외부 환경을 인식하고 스스로 상황을 판단하여 자율적으로 동작하는 로봇을 의미한다고 볼 수 있다. 이 지능형 로봇의 핵심이 인공지능이다. 이러한 인공지능 로봇은 산업현장은 물론이고 가정, 의료, 국방, 농업, 교육, 교통, 탐사, 재난구조에 이르기까지 다양한 서비스 분야로 그 영역을 확장해 가고 있다. 가정용으로는 청소 · 애완견 · 가사도우미 로봇, 의료분야로는 수술 · 재활 · 헬스케어 · 심리치료 로봇, 국방 분야로는 군인을 대신하는 로봇 병사 · 무인기 드론 · 정찰 로봇 · 견마 로봇, 농업용으로는 농산물 수확 · 착유 · 파종 로봇, 농약 뿌리는 무인기, 교육용으로는 조립키트용 · 영어 가르치는 로봇, 교통으로는 무인자동차 · 교통통제 로봇, 탐사 로봇은 수중 · 화성 · 해저탐사 로봇, 재난

구조는 수색구조 · 인명 탐지 로봇 등이 있다.

하지만 아직도 가야할 길은 멀다. 앞으로도 헤아릴 수 없이 많은 종류의 로봇들이 개발될 것이고 또 개발되어야 한다. 삶을 윤택하게 하고 인간의 삶의 질을 높이기 위해 로봇이 해야 할 분야는 아직도 많이 남아 있다. 특히 재난 구조를 위한 로봇 개발도 그 중 하나이다.

영국의 우주 물리학자 스티븐 호킹 박사는 컴퓨터의 사고 역량이 인간의 뇌를 초월해 인공지능이 시장 · 군사 · 정치 등을 장악할 수 있다고 내다봤다. 이 시기가 되면 로봇도 지능이 생겨 영화 〈바이센테니얼 맨〉의 가사도우미 로봇 앤드류처럼 인간이 되고 싶은 로봇이 등장할지도 모른다. 아니면 영화 〈아이 로봇〉의 소니처럼 로봇이 인간처럼 꿈을 꾸며 "I am unique"라고 외치면서 자신의 독립성을 선언할지도 모를 일이다. 기술 발전에 따라 미래에 로봇이 인간을 지배할지도 모른다는 지나친 우려 때문에 지능형 로봇 개발을 멈추거나 늦출 수는 없다.

미래 우리가 살아갈 이 세상이 풍요롭고 건강하며 안전하게 조성되는데 로봇이 핵심적인 역할을 하리라는 것은 의심의 여지가 없다. 하지만 여기에서 로봇은 인간을 위한 하나의 기계장치로서의 로봇일 뿐이다. 인간을 지배하는 지배자도 아니고, 인간을 해치는 살인자가 되어서도 안 된다. 인간을 위한 하나의 기계로 존재할 때 존재 의의가 있다. 로봇은 분명 앞으로도 우리에게 많은 이익을 가져다 줄 것이다. 우리를 위해 더 많은 서비스를 해줄 수 있는 로봇을 개발하자.

국민의 생명과 안전을 위한 로봇 개발도 우리 사회를 위해 소중하고 시급한 일임을 우리는 이번 해양 참사를 통해 절실히 느낄 수 있었다. 해양, 원전, 터널 등 다양한 장소에서 일어날 수 있는 사고에 대비한 재난구조 로봇 개발로 다시는 많은 사람이 희생되는 일이 없었으면 한다.

소니의 애완견 로봇 '아이보2'

청소 로봇 이을 '킬러 프로덕트'는?_2013. 9. 1

마케팅에는 킬러 프로덕트Killer Product라는 것이 있다. 킬러 프로덕트란 소비자의 구매에 영향을 크게 줄 수 있는 제품으로, 특정 업계의 트렌드를 선도하는 제품이라 정의할 수 있다.

최근 들어 로봇산업에서 킬러 프로덕트를 뽑으라면 아마도 청소 로봇이 아닐까 생각한다. 국내 주요 로봇 업체들이 홈쇼핑 방송에서 청소 로봇을 판매하고 있는데, 방송마다 매진을 이어가고 있다. 국내 청소 로봇 시장은 지난 2008년 3만 6000대 수준에서, 2011년 13만 대, 2012년 17만 대 규모로 각각 성장했다. 올해도 최소 20% 이상 성장하여 처음으로 20만 대 판매를 돌파하면서 800억 원 이상의 시장 규모를 형성할 것으로 예상된다.

BIA리서치에 따르면 세계 청소 로봇 시장도 2009년 약 6000억 원 규모에서 2016년 2조 4000억 원 규모로 역시 매년 20% 이상 크게 성장할 것으로 전망했다. 세계 최대 로봇 제조회사인 미국 아이로봇은 지난 2002년 청소 로봇을 처음 출시한 후 전 세계에서 1000만 대 이상을 판매하였다고 하니 청소 로봇에 대한 인기를 짐작할 수 있을 것이다. 이렇게 미국, 유럽, 일본, 한국, 또 최근에는 중국에서까지 청소 로봇은 꽤나 인기를 누리고 있다.

그럼 왜 이렇게 청소 로봇이 잘 나가는 것일까?

첫째, 소비자의 니즈needs를 꼽을 수 있다. 전체 가구의 25%를 차지하는 1인 가구와 맞벌이 부부가 계속 늘어나면서 청소 로봇은 이제 가정에서 꼭 필요한 가전제품이 되어 가고 있다. 시간과 청소할 구역을 설정해놓기만 하면 출근한 사이에 집을 깨끗하게 청소해 놓으니 퇴근하고 힘들게 들어오는 맞벌이 부부 입장에서 청소 로봇은 얼마나 고맙고 편리한 존재인가.

둘째, 합리적인 가격을 들 수 있다. 처음 청소 로봇이 출시되었을 때는 몇백만 원이 넘는 높은 가격에다가 청소 로봇이라는 본연의 기능을 충실하게 수행하지 못해 소비자들에게 외면받았다. 그러나 지금은 20만~30만 원선이면 구매가 가능하고, 기능이 많이 개선되었을 뿐만 아니라 물걸레 기능까지 들어있어 깨끗한 바닥 청소는 기본으로 이루어진다. 이러다보니 요즘에는 결혼하는 신부의 필수 혼수품목에까지 청소 로봇이 포함되었다고 한다.

셋째, 호기심과 제품에 대한 소비자들의 인식 변화이다. 로봇이 청소를 한다니 신기하기도 하고 해서 제품을 구매하는 사람이 적지 않다. 그리고 예전에는 청소 로봇이 모든 청소를 완벽하게 해줄 것이라는 생각을 가지고 있었지만, 지금은 소비자들도 청소 로봇을 하나의 보조도구로 인식하기 시작했다. 바쁜 평일에는 청소 로봇이 기본적인 청소를 하고, 시간적인 여유가 있는 주말이나 휴일에 전체적인 집안 대청소를 하면서 청소 로봇을 이제 하나의 보조도구라고 인식하기 시작하였다.

이런 이유들이 필자는 오늘날 로봇산업에서 청소 로봇이 킬러 프로덕트가 된 요인이라고 분석된다.

그렇다면 청소 로봇에 이어 로봇산업에서 킬러 프로덕트가 될 제품은 무엇이고 언제쯤 나타날까?

최근 재미 로봇공학자 데니스 홍 UCLA 교수를 만나 '왜 로봇 비즈니스로 돈을 벌기 힘든지'에 대해 대화를 나눈 적이 있다. 홍 교수의 말에 따르면 일상생활에서 편리하게 쓸 수 있는 로봇을 만들 기술력이 있고 없고를 떠나 지금 시점에는 그런 로봇이 팔리지 않는다고 한다. 청소, 설거지, 쓰레기 버리기 등 그 일을 모두 할 수 있는 로봇을 만드는 게 페라리 스포츠카보다 더 비싼데 누가 그런 로봇을 사겠느냐는 것이 홍 교수의 지적이다. 따라서 지금 단계에서 로봇 비즈니스로 돈을 벌 수 있는 것은 가격에 관계없이 구매할 수밖에 없는 '꼭 필요하거나, 사람의 생명에 관계있는 제품'이 될 것으로 예상하며, 의료용 로봇이나 군사용 로봇을 예로 들었다.

지난 달 만난 박현섭 산업부 신임 로봇PD도 우리나라 로봇산업이 가야 할 3개 키워드 중 하나로 고령화에 대한 대비를 말하면서, 실버 로봇이나 재활 로봇 분야를 새로운 유망 비즈니스로 꼽았다.

현재 우리나라도 전체 인구에서 노인 인구가 차지하는 비중이 2008년을 기준으로 10%를 넘어섰다. 전 세계를 기준으로 해도 2009년에 이미 10%를 넘어섰다. 이제 노령화 문제는 우리나라의 문제만이 아닌 전 세계의 문제다. UN 통계에 따르면 2025년에 65세 이상 인구가 총인구에서 차지하는 비율은 일본이 27.3%, 스위스 23.4%, 독일 23.2%, 덴마크 23.3%, 미국 19.8%, 영국 19.4%로 예측된다고 한다. 일반적으로 65세 이상의 노인 비율이 총인구의 7% 이상이면 고령화 사회, 14% 이상을 고령 사회, 20% 이상을 초고령 사회라고 분류한다.

우리나라도 고령화 문제가 사회문제가 되어가지만 일본은 우리보다 더 심각하다. 우리나라는 65세 이상 고령 인구가 500만 명이라면, 일본은 2500만 명이고, 그 중 활동이 자유롭지 못해 누군가의 손길이 필요한 인구가 484만 명이나 되며, 해마다 증가 추세라고 한다. 중국도 노인 인구만 1억 5000만 명이며, 미국이나 유럽도 고령화 문제는 커다란 사회문제이다.

앞서 언급한 두 로봇 전문가의 말을 분석해보면 청소 로봇 다음으로 실버 세대를 위한 의료용 로봇, 헬스케어용 로봇이 미래 로봇시장의 킬러 프로덕트가 될 가능성이 가장 높아보인다. 특히 그 시기는 우리나라를 포함해 전 세계가 고령 사회로 접어드는 오는 2018년경이 되지 않을까 생각해본다.

왜냐하면 1인 가구나 맞벌이 부부와 같은 니치 마켓의 니즈가 청소 로봇의 급격한 성장을 가져왔듯이, 고령 사회에 접어들면서 이들 제품에 대한 소비자들의 니즈가 전 세계적으로 충분히 존재하고 있기 때문이다. 가격적인 부분이야 지금은 개발 단계이고 초기 단계라 고가이지만, 양산이 시작되어 대량생산이 가능해지고 업체 간 경쟁이 시작되면, 또 국가가 의료보험과 같은 정책을 통해 경제적 지원을 하게 되면 소비자는 청소 로봇처럼 훨씬 부담 없는 가격에 의료용 로봇, 헬스케어용 로봇을 구입할 수 있는 수준에 이를 것이라고 본다.

또한 핵가족화에 따라 이제는 자식이 나이 든 부모를 부양하는 것이 더 어렵게 되었다. 그렇다면 고령의 노인, 특히 거동이 불편한 노약자들의 보조도구로서 이러한 제품은 충분한 가능성이 있다고 본다.

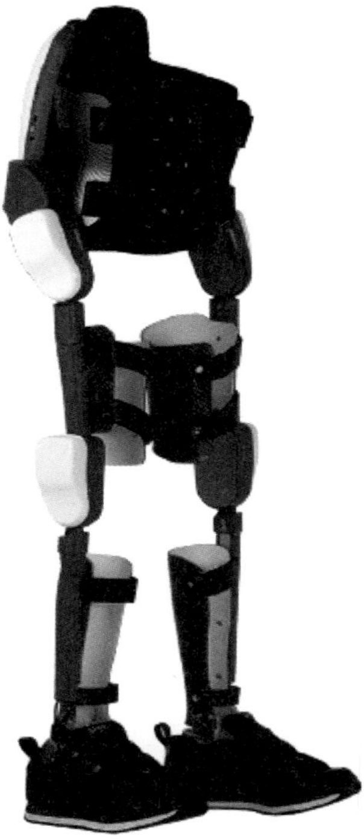

우리나라에서 실버용, 헬스케어용 로봇이 청소 로봇을 이어 킬러 프로덕트로 성장하게 되면 우리나라는 세계 로봇시장의 진정한 강자로 군림할 기회를 잡게 될 것이다.

제3장

새벽처럼 깨어 있어라

로봇신문 창간 5주년 소회
창업을 권하는 사회
"새벽처럼 깨어 있어라"
한국에는 왜 손정의가 없나?
이병철의 결단과 정주영의 도전
로봇계, 청년창업이 필요한 이유

로봇신문 창간 5주년 소회_2018. 6. 3

로봇신문 창간을 결심하고 주위에 자문을 받기 위해 지인들을 만나러 다닌 게 엊그제 같은데 어느덧 창간 5주년이 되었다. 시간이 참 빠르다는 느낌이다.

로봇신문이 아직은 작은 인터넷 매체에 불과하지만, 지난 5년간 열악한 환경 속에서도 나름 국내 로봇산업 발전을 위해 열심히 노력해 왔다고 자부한다. 오늘이 있기까지 노력해주신 회사 동료 분들께 감사드리며 지난 5년간 우리 신문사를 거쳐간 서현진 고문, 김남주 부국장, 김태구 기자에게도 감사의 마음을 전한다. 그리고 오늘이 있기까지 도움을 주신 많은 로봇기업과 기관, 대학 교수님들께도 감사 인사를 드린다.

2013년 1월부터 매체 준비를 해서 4월 지금의 본사가 있는 서울 구로에 사무실을 열고 그해 6월 3일 창간했다. 당시 6월 1일이 마침 토요일이라 월요일에 창간을 맞추다 보니 창간일이 6월 3일이 되었다. 창간 후 100일 기념으로 '로봇정책 운용방향' 간담회를 개최했다. 그해 10월에는 '2013 전국 대학생 로봇스포츠 경진대회'를 대한전자공학회 산업전자소사이어티와 공동으로 개최했다.

2014년 새해를 맞아 당시 산업부 장관이던 윤상직 장관과 신년 특별 인터뷰를 진행했고, 그해 '한국로보컵 주니어대회'를 주관하고, 창간

1주년 기념 '지능형로봇 발전전략' 좌담회를 개최했다. 그리고 여름방학을 맞아 서울 능동 어린이회관에서 처음으로 어린이들을 위한 로봇 체험전 '리얼로봇쇼'를 24일간 개최했다. 장마도 아닌데 무슨 비가 그리도 많이 내리는지, 전시장에 비가 새어 비싼 로봇들이 망가질까 노심초사하고 25일 동안 현장에서 야간 불침번까지 서가며 생활했던 기억들이 새롭다. 그해 11월에는 대구시의 요청으로 처음으로 대구시에서 '국제로봇전문가포럼'을 기획해 주최했다. 연말에는 로봇신문 선정 '2014 국내/해외 10대 로봇뉴스'를 선정해 발표했다.

2015년에는 '2015 한국로보컵 주니어 오픈대회' 주관, 창간 2주년 기념 '스마트 팩토리 구축방안' 좌담회를 개최했다. 그해 7월에는 여름방학을 맞아 대구 83타워에서 47일간 어린이 로봇체험전 '리얼로봇쇼'를 다시 개최했다. 정확한 조사도 없이 시작한 지방 행사에서 얼마나 많은 정신적, 경제적 피해를 보았는지 지금 생각해도 악몽 같다. 그 당시 본 적자가 너무 커 회사가 한동안 재정적 어려움에 처하기도 했다. 그해 10월 로보월드 때는 처음으로 2015 로보월드 특집지면을 올 컬러로 16면 발행했다. 가끔 당시 신문을 펼쳐볼 때마다 마음 한편으로 뿌듯함이 느껴진다. 그해 11월 대구에서 두 번째로 '2015 국제로봇전문가포럼'를 주최했다. 연말에는 로봇신문 선정 '2015 국내/해외 10대 로봇뉴스'를 발표했다.

2016년은 회사가 대외적으로 많이 알려지고 점차 안정화를 이룩하는 시기였다. 연초 '2016 한국로보컵 오픈대회'을 주관했고 5월 본지가 창간 3년 만에 네이버 뉴스검색 제휴 평가를 우수한 성적으로 통과해 지금까지도 네이버와 기사검색 서비스를 하고 있다. 그해 6월 창간 3주년 기념 '한국 로봇산업 위기인가, 기회인가'를 주제로

좌담회를 개최했고, 10월에는 '로보월드 2016, IROS2016' 특집으로 로봇신문과 영자신문 지면을 올 컬러 20면으로 발행했다. 11월에는 대구에서 필드로봇소사이어티와 공동으로 국제로봇전문가포럼을 확대해 '국제필드로봇포럼'을 개최했다. 12월에는 구글과 뉴스검색 제휴를 시작했고, 그해 처음으로 '올해의 대한민국 로봇기업상'을 제정해 시상했다. 국내 로봇산업 발전에 기여한 공적과 기업의 미래 성장 가능성, CEO 경영 능력, 신제품 발표 및 시장 반응 등 종합적인 요소를 평가해 산업용 로봇, 전문서비스 로봇, 개인서비스 로봇, 교육용 로봇, 로봇 부품, 로봇 SW, 자율주행시스템 등 7개 부문에 총 16개사가 선정됐다. 시상식과 함께 산업통상자원부 기계로봇과장 초청 로봇기업 간담회도 주최했다. 연말에는 로봇신문 선정 '2016 국내/해외 10대 로봇뉴스'를 발표했다.

2017년에는 연초부터 한국로보컵 오픈대회 주관을 시작으로 '한국로봇산업진흥원장 초청 로봇기업 간담회'를 주최했다. 5월에는 검색 포털 줌과 뉴스검색 제휴를 시작했고 광주 국제로봇전에서는 '필드로봇관'을 운영했다. 7월에는 다음카카오와 뉴스검색 제휴를 시작함으로써 국내 모든 주요 포털과 뉴스 검색 서비스를 시작하게 되어 국내 유력 온라인 미디어로 자리매김하였다. 9월에는 '로보월드 2017' 특집호 지면을 올 컬러로 24면 발행했다. 중국 로봇신문과 기사 제휴 및 사업 협약을 체결하면서 협력을 시작했다. 9월에는 4차 산업혁명 전문 미디어 '포아이알 뉴스(www.4irnews.net)'를 창간하면서 2개 미디어를 보유하게 되었다. 10월에는 '2017 국제필드로봇포럼'을 서울 코엑스에서 주최하였고, 11월에는 '국제전기전자학회IEEE MFI 국제컨퍼런스'를 후원하였다. 한국로봇산업진흥원 지원으로 국내 로봇기업 100여개 회사나 제품에 대한 소개를 영문

기사로 작성해 구글닷컴에도 게재하였다. 처음 시도한 사업이었지만 기업들로부터 반응이 아주 좋았다. 12월에는 올해의 대한민국 로봇기업을 7개 부문 12개사를 선정하여 시상식을 개최하였고, 산업통상자원부 기계로봇과장 초청 로봇기업 간담회를 같이 주최하였다. 그리고 연말에 로봇신문 선정 '2017 국내/해외 10대 로봇뉴스'를 발표하였다.

2018 상하이 로봇기업 방문 및 로봇전시회 참관단 모습

2018년 올해에도 연초부터 한국로보컵 오픈대회 주관을 시작으로 인천로봇랜드 로봇타워에 인천지사를 설립하였고, 지난주 금요일에는 창간 5주년 기념으로 특별 좌담회를 주최했다. 또 7월 중국 상하이에서 열리는 중국 국제로봇전시회와 중국 로봇기업 참관단을 모집하였다. 하반기부터는 중국 로봇신문에 한국 로봇기업이나 로봇제품을 중국어로 작성해 소개하고 이것이 중국 검색엔진 바이두에 검색되는 사업도 추진할 예정이다.

이제 와 과거의 행적을 되돌아보니 그래도 나름 많은 일을 했구나 하는 생각이 든다. 어떤 독자 분들께서는 아직도 로봇신문이 많이 부족하다고 느낄 것이고, 신문 발행을 책임지고 있는 필자 역시 그렇게 느끼고 있다. '천 리 길도 한 걸음부터', '첫 술에 배부르랴'라는 옛말이 있다. 아직 부족하지만 어려운 국내 미디어 여건 속에서 많은 노력을 하고 있다는 사실을 이해하고 더 많은 격려를 해 주었으면 좋겠다. 창간 5주년을 특별히 축하해주신 기관과 기업 대표자 여러 분들께도 감사드린다. 국내 로봇산업 발전을 위해 앞으로도 더 많은 노력을 기울일 것이라는 약속을 드리며 10주년, 20주년이 되는 해에는 본지가 어떤 일들을 더 해 왔고 얼마나 발전하게 될지 기대된다. 앞으로도 많은 성원과 발전적 조언을 부탁드린다.

창업을 권하는 사회_2016. 1. 19

필자는 전부터 창업만이 넓게는 국가적인 청년 실업 문제를 해결하고 국내 로봇산업을 발전시킬 수 있다고 주장해왔다. 지난 연말에 있었던 한 지역 토론회에서도 로봇 기업이 지방으로 내려오지 않는다고 마냥 기다리지만 말고, 지역 내에 있는 여러 대학들과 같이 학생들이 로봇 기업을 창업할 수 있도록 경진대회라도 열어 보면 어떻겠느냐고 제안하였다.

누구나 꿈을 가지고 있다. 필자도 사업을 하는 것이 꿈이었기에 대학에서 경영학을 전공했다. 그리고 대학교 4학년 때는 직접 창업을 꿈꾸기도 하였다. 사회 경험을 조금이라도 쌓은 다음에 사업을 했으면 좋겠다는 집안의 의견 때문에 비록 그 꿈을 몇 년 늦추기는 했지만, 그래도 30대 초반에 이르러서 마침내 창업의 꿈을 펼쳤다.

하지만 필자가 경험한 바에 따르면 창업이 결코 쉬운 것은 아니다. 창업과 기업을 영속한다는 것이 얼마나 어려운지, 그리고 실패했을 때 그 고통이 얼마나 큰 것인지 누구보다도 많이 경험해 보았다. 로봇신문사를 창업한 것은 필자 인생에서 벌써 세 번째 창업이다. 30대 초반의 첫 창업은 IMF라는 파고에 6년 만에 실패했고, 40대에 시작한 두 번째 창업은 무리한 사업 확장에 또 다시 6년 만에 접어야 했다. 오죽했으면 내가 좀 더 시간이 흘러 자서전을 쓰게 된다면 책 제목을 《여보, 세 번 다시 사업하지 않을게》로 하려고 했을까.

그런데 또 다시 50대에 세 번째 창업을 하였으니 그것이 바로 지금의 신문사다.

도대체 무엇이 나로 하여금 실패에 굴하지 않고 창업에 도전할 수 있게 만들었을까 생각해 본다. 내 몸 속에는 무엇을 향해 도전해보고픈 강한 DNA가 꿈틀대고 있는 것일까. 아니면 기업가 정신 Entrepreneurship이 충만해 있는 것일까. 나는 어떤 아이디어가 떠오르면 그것을 실행해보고 싶다는 도전정신이 마구 생겨난다. 그래서 백 번의 계획보다 한 번의 실행이 중요하다는 말을 더 좋아하는지 모른다. 언젠가 잘 될 것이라는 희망을 버리지 않는 낙천적인 성격이 어쩌면 모든 어려움을 이겨낼 수 있는 원동력이 아닐까 생각한다. 그런 면에서 건강한 육체와 건강한 정신을 물려주신 부모님께 감사하다.

필자는 앞서 겪은 두 번의 실패를 부끄럽게 생각하지 않는다. 많은 것을 잃기도 했고 그것 때문에 주위에 있는 여러 사람들을 힘들게 했지만, 인생을 살면서 많은 것을 배울 수 있었던 소중한 자산이기도 하다. 우리나라에 한참 벤처 열풍이 불던 1990년대 후반 사람들을 만나면 우스갯소리로 "벤처를 하다 잘 되면 벤츠를 타고, 실패하면 벤치 신세를 진다"는 말이 유행하던 시절이 있었다. 누가 이런 말을 만들었는지 모르겠지만 벤처 성공과 실패의 단면을 너무 잘 표현한 말이다.

필자는 오늘을 살아가는 젊은이들에게 무엇인가 도전해보라는 말을 해주고 싶다. 안정적인 직장을 찾아 편안한 삶을 살아가는 것도 나름대로 의미 있는 인생이겠지만, 자기가 하고 싶은 일에 과감하게 도전해보는 삶도 의미 있다고 말해주고 싶다. 물론 과감한 도전에 앞서 많은 준비 과정이 필요하다. 물론 실패하는 경우도 많이 있을 것이다. 그러나 인생을 살면서 실패의 경험도 많은 것을 배울 수 있는 자산이 된다.

지난 달 한국무역협회 국제무역연구원이 발간한 보고서에 따르면 우리나라 대학생 가운데 창업을 희망한 경우는 겨우 6%에 불과했다고 한다. 반면 중국은 41%로 나타났다고 하니 놀랍다. 어느 기사를 보니 중국 명문 칭화대가 창업지원을 위한 창업지원센터를 운영하고 있는데 그 운용 기금만도 7000억 원에 이르고 여기 지원을 받아 창업한 스타트업도 2000여 개나 된다고 한다. 한 대학만도 이러한데 중국 전체를 놓고 보면 도대체 얼마나 많은 사람들이 창업을 준비하고 있을지 짐작조차 가지 않는다. 알리바바의 마윈, 텐센트의 마화텅, 바이두의 리옌훙 등이 벤처성공 신화를 쓰면서 이들을 롤 모델로 삼아 어쩌면 많은 중국 젊은이들이 창업의 길로 뛰어들고 있는지 모르겠다.

미국 기업가정신 육성재단인 카우프만 재단에 따르면 1985년 미 전체 대학에서 250개에 불과했던 창업지원 교육 프로그램이 2013년 5000여 개로 증가했고, 현재는 연간 40만 명의 대학생이 창업관련 과정을 이수하고 있다고 한다. 스타트업의 산실이라는 실리콘밸리는 꿈을 가진 젊은이들의 천국과도 같은 곳이며, 왜 이곳에서 세계를 지배하는 글로벌 기업들이 지속적으로 나오는지 알 만하다. 가까운 일본도 예외는 아니다. 월스트리트 저널에 따르면 일본에서 보수의 아이콘이라고 불리는 도쿄대에서도 교수나 학생들이 창업한 스타트업이 작년 8월 기준 240여 개이며, 이 중에서 16개 기업이 기업을 공개해 시가 총액만 80억 달러라고 한다.

우리나라도 최근 정부가 전국 17개 시 · 도에 창조경제혁신센터를 만들면서 창업이 늘어나고 있다고 한다. 2013년 1833개에 불과했던 대학 창업동아리가 지난해 4070개로 늘었다고 하니 바람직한 현상이다. 이제 젊은이들도 대학 졸업 후 공무원이나 대기업 취업이 아니라 본인의 꿈을 펼쳐볼 수 있는 창업도 하나의 방법으로 진지하게 고민해보면 어떨까. 기성세대들도 젊은이들이 꿈에 도전할 수 있도록 창업을 권하는 사회가 되었으면 좋겠다. 정부도 중국, 미국, 일본의 관련 대학들이 어떤 지원을 해주고 어느 시스템을 만들어서 많은 젊은이들이 창업의 길로 들어서고 있는지 분석해 정책적 지원을 아끼지 말아야 한다. 모두가 창업을 권하는 사회가 되었으면 좋겠다.

"새벽처럼 깨어 있어라"_2015. 5. 31

6월이 시작되었다. 그런데 30도를 오르내리는 한여름 날씨가 벌써부터 지속되고 있다.

6월 3일은 로봇신문이 창간한 지 꼭 2년이 되는 날이다. 다니던 신문사를 그만두고 로봇신문을 창간하기 위해 발로 뛰어다니며 준비하던 시간이 엊그제 같은데 벌써 2년이 넘는 시간이 흘렀다. 지금까지 발전할 수 있었던 것은 모두 로봇을 사랑하는 독자 여러분들이 있었기에 가능한 일이었다. 신문을 읽어주시는 독자뿐만 아니라 기사 및 사진을 제공해주시는 독자부터 기사의 잘못된 부분을 따끔하게 지적해 주시는 독자까지, 여러분들의 관심과 사랑이 없었으면 불가능한 일이었다고 생각한다. 이 기회를 통해 모든 분들께 감사 인사를 드린다.

신문사에 있는 필자의 책상 옆에는 '새벽처럼 깨어 있어라'는 글귀가 담긴 액자가 걸려있다. 신문사를 처음 창간할 때 먼 친척께서 선물로 주신 경구(警句)다. 이 경구처럼 나는 새벽에 항상 깨어 있으려 노력한다. 많지 않은 인력으로 신문사를 운영하다 보니 항상 늦은 밤이나 새벽까지 기사를 작성하고 편집하는 것이 일상사가 되어 새벽에는 항상 깨어 있을 때가 많다. 주위에서는 그렇게 잠도 못 자면서 어떻게 버티느냐고 걱정하지만, 다행히도 부모님께 건강한 육체와 정신을 물려받은 덕분인지 아직은 잘 버티고 있다. 하지만 한편으로는 내가 하는 일에 대한 재미와 열정, 보람이 있기에 육체적인 힘겨움을 정신력으로 버텨내고 있는지 모르겠다.

30년을 바라보고 시작한 언론 사업인 만큼 필자는 빠른 성장을 원하지 않는다. 그저 한국의 로봇산업이 성장하는 궤적에 맞추어 신문사도 성장해나가겠다는 생각이다. 독자 여러분도 아시다시피 언론 사업은 이제 어느 면에서는 사양 산업에 가깝다. 다양한 미디어의 홍수 속에서 이제 옛날 같은 일방적인 뉴스 전달만으로 생존하던 미디어의 시대는 끝났다. 오프라인 신문을 구독하는 독자는 줄어들고, 그에 맞춰 광고 수입도 줄어들고 있다.

로봇시대를 맞아 이제는 뉴스 기사도 로봇이 작성하는 시대가 되다 보니 기자라는 직업은 머지않은 장래에 없어질 직업 수위에 올라있다. 이렇게 어려운 환경 속에서 새로운 미디어를 창간해 생존해나간다는 것은 정말 쉽지 않은 일이다. 필자도 무슨 배짱으로 이렇게 큰 사업에 무모하게 뛰어들었는지 돌이켜 생각해보면 나 자신에게 놀라울 따름이다. 언론 사업에 대한 무지와 그에 따른 어려움을 몰랐다는 게 어쩌면 정확한 표현일지도 모르겠다. 무식하면 용감하다는 속된 표현이 있는데 아마도 내가 그러했는지도 모른다.

요즈음 무슨 사업을 시작한다고 하면 최소 몇 억에서 보통 10억 정도는 기본으로 투자한다. 최근 언론 사업을 하겠다는 한 후배도 최소 10억을 투자해서 새로운 미디어를 창간할 계획이라고 한다. 그렇지만 나는 아주 적은 자본으로 언론 사업을 시작했다. 그러니 용감하다는 표현보다는 무식하다는 표현이 맞을 것이다. 때문에 나는 빨리 성장하고자 하는 욕심을 내지 않는다. 그저 늦어도 내 페이스에 맞게 한 걸음 한 걸음 성장해나갈 계획이다.

처음 신문사를 창간한 2년여 전이나 지금이나 국내 로봇산업은 별다른 변화가 없다. 구글, 소프트뱅크, 인텔, 마이크로소프트 같은 거대 글로벌 IT기업들이 기술력이 우수한 로봇 기업들을 인수하면서, 아니면 로봇 사업을 강화하면서 로봇에 대한 관심은 커졌다지만 거기까지가 전부다. 아직 국내는 별다른 조짐이 없다. 그러다보니 일부에서는 국내 로봇산업이 침체해 있다고 평가하기도 한다. 하기는 몇 년째 국내 로봇산업 규모는 2조 원대에서 벗어나질 못하고 있다. 그리고 뚜렷한 모멘텀도 지금 보이지 않는다.

하지만 필자가 만나는 많은 로봇인들은 로봇신문 창간에 대해 정말 잘한 결정이었다고 한결같이 평가한다. 그것은 그래도 로봇산업에 대한 미래가 밝다고 보기 때문이 아닐까. 지금 당장은 국내 로봇산업이 한 단계 도약할 수 있는 계기가 무엇인지 보이지 않는다. 하지만 우리가 지금처럼 기술 개발과 시장 창출에 대한 노력을 꾸준히 하다보면 언젠가 우리 앞에 커다란 기회가 나타날 것이라 확신한다. 그때까지 시간을 갖고 기다릴 수밖에...이 힘든 시기를 어떻게 해서든 버텨내서 살아남는 것도 하나의 전략이다. 로봇인들이여, 힘들어도 새벽처럼 깨어 있어라. 그래야 기회가 왔을 때 그 기회를 잡을 수 있다.

한국에는 왜 손정의가 없나?_2014. 7. 20

PC, 스마트폰 시대를 지나 이제는 로봇 시대로 접어들었다. 작년 말부터 글로벌 로봇산업에 대한 환경이 너무 급박하게 돌아가고 있어 필자도 정신을 못 차릴 때도 있다.

지난주 일본 도쿄(東京)에서 열린 '소프트뱅크 월드 2014' 행사에서 손정의(孫正義) 회장은 기조연설에서 1억 노동인구 구상을 발표해 사람들을 깜짝 놀라게 했다. 다기능형 로봇을 대량 도입하면 일본 제조업 노동 인구를 현재 1천만 명에서 한 번에 1억 명 규모까지 끌어올릴 수 있다는 내용이다.

일본은 고령화에 따른 노동인력 감소 문제가 커다란 사회 문제로 대두되면서 그 해결책으로 로봇을 생각하고 있다.

지난달 발표된 로봇 '페퍼'처럼 클라우드에 연결하여 인공지능(AI)을 탑재한 다기능 로봇이 인간과 동일한 양의 작업을 한다고 가정할 경우, 하루 24시간 가동하면 8시간씩 3명이 일한 것과 같다. 이러한 로봇을 1대에 100만 엔에 생산하여, 제조 현장에 3천만 대를 도입하면 일본의 노동 인구는 한번에 9000만 명이 증가한 것이 된다. 현재 1000만 명인 일본 제조업 노동 인구와 합산하면 1억 명이 된다. 그렇게 되면 7000만 명의 노동 인구를 가진 중국을 넘어 일본이 세계 최대의 노동 인구 대국이 될 수도 있다는 생각이다.

가격이 100만 엔대인 로봇을 3천만 대 생산하는 데 들어가는 금액은 30조 엔으로 우리나라 돈으로 환산하면 300조 원이다. 300조 원 투자로 세계 최대의 노동인구 대국이 될 수 있다면... 이러한 논리가 어느 정도 사실이라면 일본은 충분히 여기에 투자할 수 있지 않을까?

200만 원도 안 되는 가격으로 감정인식 로봇 페퍼를 발표해 세계의 주목을 받은 지 40일 만에 내놓은 그의 산업용 로봇 구상은 너무나 기발하기까지 하다.

가정용 로봇 페퍼는 어떤가. 세계의 생산 공장이라는 폭스콘을 통해 페퍼를 생산하면서 원가를 획기적으로 낮추는 생각을 하였다. 규모의 경제라고 할까? 소프트뱅크는 페퍼 로봇을 몇 백만 대, 몇 천만 대 대량생산을 통해 원가를 획기적으로 낮출 수 있을 것으로 보았다. 어느 외신에서는 소프트뱅크가 페퍼에 대해 물량 개런티를 했다는 소리도 들린다. 그런 이유로 198만 원이라는 누구도 따라올 수 없는 경쟁력 있는 가격대에 판매가가 책정되었다고 볼 수 있다.

손정의 회장의 구상대로 다기능의 산업용 로봇과 가정용 로봇 시장을 각각 몇천만 대씩 소프트뱅크가 판매한다면 세계 로봇 시장은 소프트뱅크가 완전 장악하게 될 것이다.

이 뿐만이 아니다. 손 회장은 작년 7월에 열린 소프트뱅크 월드 2013 기조연설 '세계로의 도전'에서도 300년 후의 예측에 대한 자신의 지론을 통해 "우선 2018년에는 컴퓨터 CPU 트랜지스터 수가 인간의 뇌세포 수인 300억 개를 넘어 2100년에 1해(垓 · 1조의 1억 배)개, 2300년에는 다시 1해의 3승배가 된다"고 주장했다.

손 회장은 "트랜지스터 집적도가 이와 같은 수준에 오르면 자기 학습을 해나가는 지능형 컴퓨터나 지능형 로봇과 공존하는 생활이 반드시 올 것"이라고 내다봤다. 특히 컴퓨터나 로봇은 인간의 뇌를 뛰어넘어 미래를 통찰하고 물건을 발명하는 것도 가능하게 된다고 한다.

필자는 이러한 발상을 하고 있는 소프트뱅크 손정의 회장을 어느 면에서는 세계 최고의 천재로밖에 표현할 수 없다. 미래를 바라보는 그의 식견은 탁월함을 넘어 신(神)에 가깝다.

다음 달 초 미국 증시에 상장하는 세계 최대의 전자상거래 업체 알리바바에 대한 그의 배짱과 안목도 매우 대단하다. 중국 알리바바 그룹의 창업자 마윈을 만나 사업 모델에 대한 이야기를 들은 지 6분 만에 2000만 달러를 투자 했다는 이야기는 아주 유명한 일화이다. 소프트뱅크는 알리바바 지분 34.4%를 가진 최대 주주이다. 그런 알리바바가 증시에 상장되면 소프트뱅크의 지분 가치는 578억 달러(약 59조 원)로 불어나 약 3000배의 투자 수익률을 기록할 것이라고 한다.

왜 한국에는 손정의 회장과 같은 기업가 정신이 넘쳐나는 CEO가 나타나지 않는 것일까? 미래 로봇사회를 예견하여 미리 투자하고 준비하는 기업이나 그 흔한 재벌 오너들은 어디에서 무슨 생각들을 하고 있는 걸까. 재일교포 3세인 소프트뱅크 손정의 회장의 자신감 넘치는 당찬 행보를 보다가 국내 로봇기업들을 보고 있자니 무더운 여름밤이 더 후덥지근해지는 것 같다. 한국에서도 제2의 손정의 회장이 빨리 나왔으면 하고 기도할 뿐이다.

이병철의 결단과 정주영의 도전_2014. 1. 19

"행하는 자 이루고, 가는 자 닿는다"는 이 말은 오늘날 삼성이라는 대제국을 이루어놓은 고(故) 이병철 선대 회장의 평생 좌우명이었다. 1983년 삼성이 처음 반도체 사업 진출을 선언했을 때 세상 사람들은 모두 무모하다며 말렸다. 하지만 그는 과감하고 저돌적으로 밀어붙였고, 기어코 국내 최초의 초고밀도집적회로[VLSI] 반도체 공장을 건설하였다. 이것이 오늘날 삼성전자가 세계적인 기업으로 성장하는 데 커다란 밑바탕이 된 반도체 신화의 서막이다. 당장의 이익보다는 삼성의 미래, 국가 경제의 앞날을 내다본 이병철 선대 회장의 결단에 의한 결과였다.

"해보기나 했어?" 이 말은 오늘날 현대라는 대제국을 만들어낸 고(故) 정주영 회장이 한 말로 우리들에게도 많이 알려져 있다. 정주영 현대그룹 명예회장은 미래를 지향하는 통찰력과 불굴의 의지로 기업을 일으킨 기업가답게 항상 도전정신을 강조했다. 조선, 자동차, 건설, 중공업, 제철 등 모든 분야에서 그의 도전정신은 항상 빛을 발했다. 그의 이러한 도전정신이 없었다면 오늘날 현대자동차 그룹이나 현대라는 그룹은 없었을 것이다. 지금도 현대에서는 선대 회장의 창업정신을 계승하기 위해 아산나눔재단에서 '정주영 창업 경진대회'를 개최하고 있다.

삼성그룹과 현대차 그룹이 국내 경제에서 차지하는 비중은 우리나라

경제 규모의 3분의 1 이상을 차지하고 있을 만큼 지배적이다. 2012년 기준으로 이들 양대 그룹이 거두어들인 수익만도 자그마치 43조 원이나 된다.

지난주 윤상직 산업통상자원부 장관은 본지와의 신년 인터뷰에서 대기업이 로봇 사업에 진출할 경우 정부가 적극적인 지원을 하겠다는 의지를 밝혔다. 필자도 지난 칼럼에서 삼성이 스마트폰에서 거둔 수십 조의 수익 중 일부를 로봇산업에 투자했으면 좋겠다는 어느 로봇인의 바람을 이야기한 적이 있다. 물론 일부에서는 아직 국내 로봇 시장의 규모가 작아 대기업이 진출하는데 부정적인 의견을 가지고 있다. 하지만 풍부한 자금력과 뛰어난 기술력을 활용해 산업용 로봇이나 서비스 로봇 분야에서 대기업이 나갈 수 있는 부분은 아직도 무궁무진하다. 의료, 사회 안전, 재난, 국방, 제조, 농업, 무인비행기, 자율주행자동차, 물류, 극지탐사 등 삼성과 현대차가 각각 그룹의 미래를 위해, 대한민국 로봇산업 발전을 위해 진출할 로봇 분야는 얼마든지 있다.

하지만 우리의 기대와는 달리 지난해 말부터 삼성은 그나마 진행해 오던 수술 로봇 개발과 청소 로봇 등의 분야에서마저 뚜렷한 성과가 나타나지 않아 이들 사업에서 철수했다는 설이 업계에 나돌고 있다. 현대차 그룹도 세계 5대 자동차 그룹으로 성장해있지만, 유일하게 로봇카라고 불리는 자율주행자동차 개발 계획을 발표하지 않고 있다. 세계 자동차 시장을 리드하고 있는 토요타를 비롯해 폭스바겐, 르노 · 닛산은 벌써 로봇카 개발 계획을 대대적으로 알리며 상용화를 준비하고 있다.

구글과 같은 세계적인 기업들이 로봇산업의 미래가 없었다면 과연 천문학적인 돈을 들여 여러 개의 로봇 업체를 인수할 수 있었을까? 세계 최대 인터텟 쇼핑몰 아마존닷컴의 '프라임 에어' 서비스 발표와 구글의 잇따른 로봇기업 인수 소식은 최근 몇 년 동안 뚜렷한 이슈가 없었던 세계 로봇계를 치열한 경쟁구도로 재편할 것으로 예상된다.

삼성과 현대차 같은 대기업이 이제는 로봇 분야에 투자하여 국내 로봇산업을 세계 일류 산업으로 키울 차례다. 정부가 지난 10여 년 동안 1조 원이 넘는 돈을 로봇산업 육성을 위해 투자하고, 일부 대기업과 많은 중소기업들이 피와 땀으로 노력하여 지금 우리는 세계 4대 로봇 강국의 신화를 만들어 놓았다. 이제는 삼성, 현대차 같은 거대 기업이 이를 이어 받아 풍부한 자금력과 기술력을 투자하여 로봇산업을 한 단계 더 발전시켜놓을 차례이다.

삼성이나 현대차가 10년 후, 20년 후 먹고 살 수 있는 신수종 사업으로서 로봇 시장은 매력적인 산업이다. 더 많은 세계적 기업들이 로봇 산업을 선점하여 기술과 시장에서 뒤처지기 전에, 1983년 선대 이병철 회장이 반도체 사업 진출을 밝힌 도쿄선언처럼 로봇 사업 진출을 선언하는 삼성의 모습을, 또한 미래를 지향하는 통찰력과 불굴의 의지로 오늘의 현대를 세운 정주영 회장의 도전 정신으로 현대차가 로봇 사업에 진출하는 모습을 우리 로봇업계와 정부는 다시 한번 보고 싶다.

이런 선언이 현실화되면 또 한 번 국내 로봇업계뿐만 아니라 세계 로봇계는 커다란 성장 모멘텀을 가지게 될 것이다. 이제 10년 후 각각 삼성과 현대차를 이끌어갈 이재용 부회장과 정의선 부회장이 그룹과 국가의 미래를 위해 결단을 내릴 때다.

"행하는 자 이루고, 가는 자 닿는다"는 선대 이병철 회장의 평생 좌우명과 "해보기나 했어?"라는 도전 정신으로 평생을 살아온 선대 정주영 회장의 말을 손자인 이재용 부회장이나 정의선 부회장은 다시 한번 생각해 보기 바란다. 시간은 더 이상 기다려 주지 않는다.

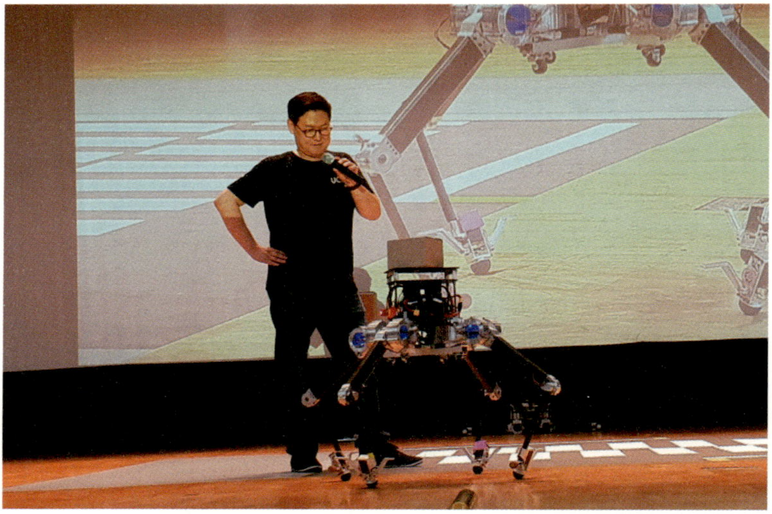

미국 UCLA-성균관대 로봇 오프닝 데이에서의 데니스 홍 교수

로봇계, 청년창업이 필요한 이유_2013. 9. 15

국내 로봇 기업은 대략 400여 개로 추산된다. 그리고 한국의 로봇산업 규모는 2012년 기준 2조 1000억 원대이다. 단순하게 나누어도 기업당 평균 매출은 50억 원 정도로 영세하다.

로봇이 유망한 분야인데도 기업 수는 크게 늘지 않고 있다. 로봇고등학교가 2개나 있고, 로봇이라는 이름이 들어간 대학의 학과만 해도 전국에 18개가 있다. 그 많은 인력들은 졸업 후 연구소나 기업에 취업하지, 창업을 하는 경우는 별로 없는 듯하다. 그들에게 기업가 정신이나 창업에 대한 도전 의지가 부족해서 그런 것인지 궁금하다.

'룸바'라는 브랜드로 세계 청소 로봇 시장을 주도해 온 미국 아이로봇의 최고경영자 콜린 앵글은 22세에 집 거실에서 창업하여 오늘날 연매출 4억 달러의 기업으로 일구어 냈다. 지금 정부도 창조경제의 주역인 기술 창업을 장려하기 위해 기업 생태계 개선에 많은 노력을 기울이고 있다. 창의력과 열정이 가득한 젊은이들이 취업보다는 창업에 도전해보는 것은 어떨까.

지난주 발표된 한 설문 조사를 보니 대학생 10명 중 3명꼴인 28.6%가 '창업을 계획 중'이라고 응답했다. 그런데 이들이 원하는 창업 아이템의 종류를 보면 실망감이 넘쳐난다. 조사 결과 1위가 '카페/베이커리'(16.6%)였고, 그 뒤를 이어 '회사 설립'(15%), '의류/주얼리

'(14.1%), '호프/주점'(12.7%), '음식점'(11.9%), '소점포 식당-포장마차/테이크아웃'(11.3%), '온라인 쇼핑몰'(9%), '유통/중개 사업'(5.9%) 순이었다. 다양한 아이디어로 무장해있어야 할 젊은이들이 주로 먹고 마시는 서비스 분야에만 관심이 집중되어 있다.

젊은이들이 기술 창업에 관심을 갖도록 해야 한다. 로봇고등학교 졸업생이나 로봇을 전공한 대학생들이 로봇기업을 많이 창업해야 시장도 커지고 우리기업의 경쟁력도 살아난다. 2011년이나 2012년이나 국내 로봇시장 규모는 별 차이가 없다. 2010년 대비 20.3% 증가한 2011년 우리나라 로봇시장이 2012년에는 오히려 근소하지만 마이너스 성장을 기록했다. 물론 선진국과 국내 경기불황으로 어려워진 기업 환경을 모르는 바는 아니다. 그렇더라도 이것은 문제다. 2022년까지 25조 원의 시장을 만들고, 1인 1로봇 시대를 실현해가려면 정부의 지원만으로는 분명 한계가 있다.

로봇산업 종사자 모두가 로봇의 미래에 대한 명확한 비전을 제시해야 하고, 또 이 분야에서 성공한 기업들이 자꾸 늘어나야 한다. 그래서 로봇 저변을 자꾸 넓혀가야 한다. 대기업이나 정부는 젊은이들이 다양한 로봇 관련 사업 아이디어와 기술 발굴을 지원해야 하고, 연구기관이나 대학은 가지고 있는 관련 기술들을 과감히 공여해야 한다. 여러 로봇대회에 가보면 최소 몇 백 명에서 1000명 이상의 많은 학생들이 직접 만들고 프로그래밍한 로봇을 선보인다. 그렇게 열정을 가진 젊은이들을 창업이라는 바다로 흘러들게 해야 한다. 로봇경진대회나 로봇 창업 오디션 등에서 발굴된 아이디어나 기술을 기반으로 사업화를 지원하고, 멘토 프로그램을 마련해주면 우리도 제2의 콜린 앵글이 나오지 못할 이유가 없다.

수술 로봇 다빈치를 공급하는 미국 인튜이티브 서지컬의 1년 매출이 우리나라 전체 로봇산업 규모보다 큰 2조 5000억 원이다. 이런 기업 10개가 있어야, 아이로봇 같은 기업은 60여 개가 있어야 2022년 우리가 목표로 하는 국내 로봇 시장 규모를 만들 수 있다. 이렇게 성장하려면 지금부터 준비해야 한다. 로봇에 대한 비전을 젊은이들에게 명확하게 심어주고, 소비자들이 필요로 하는 로봇 제품을 계속 개발해서 시장에 내놓아야 한다. 청소 로봇이건, 수술 로봇이건, 실버나 재활 로봇이건 소비자들이 정말 필요로 하는 제품이어야 한다. 그런 분위기가 지금 로봇산업에 필요하다.

로봇 종류는 무궁무진하다. 예를 들면 농업용 젖 짜는 로봇, 딸기·사과·배 등 농작물 수확 로봇, 농약 뿌리는 로봇, 벼 심는 로봇 등이 있을 수 있다. 또 간병 로봇과 재활 로봇 같은 사회복지 로봇을 비롯하여, 분류/포장 로봇, 물류 로봇, 로봇 자동차(자율주행자동차), 해양 로봇, 서빙 로봇·커피 로봇·안내 로봇·가사 도우미 로봇, 보안 로봇·소방 로봇·재난 로봇, 전방 감시를 포함한 국방/안보용 로봇 등 갈수록 그 종류가 더해지고 있다. 여기에 교육용 로봇, 낙엽 치워주는 로봇, 공연 로봇, 엔터테인먼트 로봇 등 우리 실생활과 밀접한 관련이 있는 로봇 등 무궁무진하다.

이처럼 로봇 개발이 다양해지고, 그 용도가 일상화되어야 시장이 커지고 시장 참여자들도 늘어난다. 또 이런 환경이 되어야 1인 1로봇의 팍스 로보티카Pax Robotica 시대가 오고, 세계 최고의 로봇 활용 국가로 발돋움할 수 있다. 지금이라도 로봇 창업을 권하는 사회로 만들어보면 어떨까?

제4장

아직 요원한 세계 최고의 로봇 활용 국가

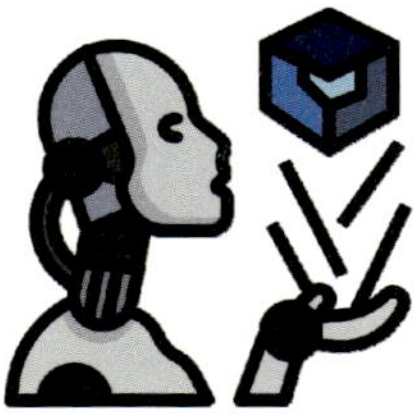

'제3차 지능형 로봇 기본계획'을 보며…
아직 요원한 '세계 최고의 로봇 활용 국가'
순환 보직도 좋지만 전문성과 행정의 일관성이 중요하다
인공지능 개발에 정치논리는 배제해야
시장이 열리기만 기다린다?
로봇세 유감
로봇산업 아직 정부의 관심이 필요하다
로봇수술 논란은 가라앉았지만

'제3차 지능형 로봇 기본계획'을 보며…_2019. 9. 2

정부(산업통상자원부)가 지난달 29일 드디어 지능형 로봇 개발 및 보급 촉진법 제5조 및 동법 시행령 제2조에 따라 '제3차 지능형 로봇 기본 계획(2019~2023)'을 발표했다.

지능형 로봇법 개정안이 작년 5월 국회를 통과했고, 5년 단위로 만들어 발표하는 지능형 로봇 기본계획의 제2차 계획(2014~2018)이 2018년 12월 말 종료되어 올해부터 시행될 '제3차 지능형 로봇 기본계획'이 벌써 발표되었어야 함에도 정부가 이제야 발표한 점은 조금 아쉬운 부분이다. 늦게 발표한 만큼 지난 계획에 대한 성과, 문제점과 대안도 함께 들어있었으면 좋았겠다는 생각이 든다.

산업부는 2014년 당시 '제2차 지능형 로봇 기본계획'을 발표하면서 국내 로봇 시장을 2018년까지 7조 원 규모로 키우겠다는 목표를 제시하고, 로봇 사업 육성을 위해 2018년까지 5년간 2조 6000억 원을 투자한다는 계획도 발표했다. 그리고 이 기간 동안 로봇 연구개발(R&D) 종합 역량 제고, 로봇 수요의 전 산업 확대, 융복합형 · 개방형 로봇산업 생태계 조성, 로봇 융합 네트워크 구축 등 4대 중점 과제를 추진한다고 발표했다.

정부가 이번에 발표한 자료의 2018년 기준 국내 로봇산업 규모는 5조 7000억 원 규모였다. 7조 원 규모로 키우겠다는 목표를 1조 3000억 원이나 부족한 81%밖에 달성하지 못했다. 또 로봇산업 육성을 위해 2018년까지 5년간 2조 6000억 원을 투자한다고 발표했지만, 본지가 매년 발표한 정부(산업부) 로봇 예산을 보면 로봇랜드 조성사업, 마이크로 의료로봇센터 구축, 국민안전로봇 프로젝트, 로봇비즈니스벨트 조성사업, 헬스케어로봇 실증단지, 한국로봇산업진흥원 청사 건립 등과 같은 R&D, 비R&D 사업 예산 전체를 모두 합쳐도 2014년부터 2018년까지 5년간 7610억 원밖에 투자되지 않았고, 순수 로봇 기술 개발 지원 현황만을 살펴보면 5년간 3726억 원으로 정부의 2조 6000억 원 투자라는 말은 어떤 근거인지 모르겠다.

이번 발표에서 정부는 1 · 2차 기본계획과의 차이점으로서 1 · 2차가 정부주도의 정책 수립 · 추진을 통한 초기시장 창출, Seed형 R&D 추진을 통해 다양한 분야 지원 시도, 제도 및 지원 기관 구축에 초점을 두었다면, 3차는 정부와 민간의 역할 분담을 통한 지원 효과 제고, 선택과 집중을 통한 유망 분야 지원, 규제 발굴 및 개선에 초점을 두었다고만 간단히 밝혔다. 2차 기본계획에서 목표로 한 시장 규모 확대에 실패한 이유가 무엇인지, 2조 6000억 원 투자 계획 대비 실제 얼마의 자금을 투자했는지, 로봇 연구개발(R&D) 종합역량 제고, 로봇 수요의 전 산업 확대, 융복합형 · 개방형 로봇산업 생태계 조성, 로봇 융합 네트워크 구축 등 4대 중점 과제 중 잘 된 부분은 무엇이고 무엇이 부족했는지에 대한 반성과 평가는 없었다. 그런 의미에서 이번 '제3차 지능형 로봇 기본 계획'도 그냥 보여주기식 계획이 아니기를 바랄 뿐이다.

산업부와 한국로봇산업진흥원은 지난 5월부터 로봇활용에 대한 이해도를 높이고 로봇 도입을 촉진하기 위해 전국을 순회하며 제조 로봇 수요기업을 대상으로 찾아가는 대규모 설명회를 개최하고 있다. 이번에 발표한 제3차 지능형 로봇 기본계획에도 나와 있는 것처럼 뿌리 · 섬유 · 식음료 3대 업종 중심으로 제조 로봇을 확대 보급하기 위해 1차는 지난 5월 30일 경기도 시흥에서 뿌리산업을 대상으로, 2차는 역시 로봇 도입이 미진했던 봉제기업 등 섬유 · 패션 업계를 대상으로 지난 7월 4일 서울 동대문에서 열렸고, 3차는 지난 8월 29일 식품 · 외식업계를 대상으로 서울 양재동 aT센터에서 개최됐다. 앞으로도 전국을 돌며 2~3차례 더 제조 로봇 전국투어 설명회를 개최할 계획으로 알고 있다. 이 설명회에 참석한 필자의 소감은 관련 분야 기업에게 많은 도움이 되었을 것이라는 생각이다.

정부가 어려운 국내 제조 로봇 기업들의 시장 확대를 위해 발 벗고 나서는 것은 공급기업이나 수요기업 입장에서 보면 고마운 일임에는 틀림없다. 한편으로 이러한 전국 순회 로봇 설명회는 제조 분야만이 아니라 서비스 로봇 그리고 부품 기업을 위해서도 필요하다고 생각한다. 따라서 차제에 제조 로봇 설명회가 끝나면 이들 분야를 위한 설명회도 정부나 한국로봇산업진흥원 주도로 열었으면 좋겠다는 생각이다.

이번 '제3차 지능형 로봇 기본 계획'에서도 정부가 돌봄, 웨어러블, 의료, 물류 등 4대 서비스 로봇 분야를 성장 가능성이 높다고 선정한 만큼 4대 분야 설명회를 개최해 수요 기업과 공급 기업을 대상으로 수요 기업은 실제 현장에서 어느 부분에 가장 로봇이 필요하고 무엇이 가장 애로사항인지, 공급 기업은 어느 부분에 더 사용자를 위해 개발을 신경써야 하는지 서로 허심탄회하게 소통할 수 있는 장을 마련해준다면 더 많은 서비스 로봇이 보급되는 데 크게 기여할 것이라고 생각한다.

또 정부는 이번 제3차 기본 계획을 통해 4대 분야별 특성을 고려한 맞춤형 개발 및 보급 지원을 통해 전국 15개 지자체, 810개 수요처에 약 1만 대의 서비스 로봇을 보급하겠다고 했는데 수요처와 공급 기업 간의 간극이 좁아질수록 더 많은 서비스 로봇이 보급 활성화될 것이다.

그리고 로봇산업 생태계 기초체력 강화를 위해 차세대 3대 로봇 핵심부품인 지능형 제어기, 자율주행 센서, 스마트 그리퍼와 서비스 경쟁력을 좌우하는 4대 SW 핵심부품 기술인 로봇SW 플랫폼, 잡는 기술 SW, 영상정보 처리 SW, 인간-로봇상호작용[HRI]의 자립화를 추진한다는 방침도 밝힌 만큼 이 분야에서도 수요자와 공급자 간 소통의 장은 필요할 것이라고 생각한다.

최근 국산 로봇 부품 기업 취재를 하면서 필자가 느낀 점은 국산부품 공급기업이나 수요기업 모두 나름의 사정이 있겠지만, 국산 부품을 사용하는 국내 로봇기업에게는 어떠한 방법으로라도 인센티브를 주었으면 좋겠다는 생각이다.

공급자와 수요자 간 원활한 소통을 통해 분야별 문제점을 찾고 이를 서로 해결해나간다면 제3차 지능형 로봇 기본계획이 종료되는 2023년에 한국은 진정한 글로벌 4대 로봇 강국으로 멋지게 도약해있을 것이라고 확신한다.

아직 요원한 '세계 최고의 로봇 활용 국가'_2018. 3. 26

직업 특성상 다양한 분야의 사람들을 만나지만 자주 만나는 로봇 전문가 중에 광운대 김진오 교수가 있다. 그 분을 만나서 이야기를 나누다 보면 로봇에 대한 애정이 많아서인지 정책이나 제도의 문제, 기술 트렌드, 로봇의 미래, 로봇신문의 역할 등 필자에게 여러 가지 조언들을 해주고는 한다. 그런데 그 분이 늘 일관되게 이야기하는 부분이 로봇 활용에 대한 이야기다.

2012년 당시 지식경제부(현 산업통상자원부)가 로봇미래전략(2013~2022) 보고대회를 개최할 때 김 교수는 메가 트렌드 변화에 따른 미래 로봇 수요 증가를 예측하면서 '2022년 세계 최고의 로봇 활용 국가가 되자'는 비전을 제시하고 발표한 당사자이기도 하다.

우리나라가 기술력으로 로봇 선진국들을 월등하게 앞서 나가기는 현실적으로 어려운 만큼 그 로봇을 실생활에 잘 활용해 세계 어느 국가보다도 로봇을 잘 활용하는 최고의 로봇 활용국가를 만들자는 의미를 가지고 있다. 하지만 그러한 보고대회 후 벌써 5년여 시간이 흘렀지만 아직 국내 어느 분야, 어느 곳에서도 세계 최고의 로봇 활용 국가로서의 조짐은 보이지 않는다. 물론 공항에서의 로봇 서비스, 평창올림픽에서의 로봇 활용 및 도입, 스키로봇 챌린지, 컬링 로봇 발표회,

국산 수술로봇 발표회, 로봇카페 발표회 등의 활동이 없는 것은 아니지만 문제는 실제 우리 생활과 밀접한 로봇 활용보다는 대중들에게 보여주기식 로봇이 대부분을 차지하고 있다는 것이다.

국내에서 개발한 인공지능 컬링 로봇

그러면 왜 이렇게 로봇 활용이 더딘 것일까. 물론 기술적 문제로 인해 늦어질 수도 있고, 가격 문제일 수도 있고 또는 로봇 도입에 대해 아직도 부정적인 사회 구조적 문제일 수도 있다. 하지만 사회적으로는 고령화 · 복지 · 안전에 대한 욕구, 경제적으로는 1인 가구 · 인력난 · 지식기반 · 신흥국 부상, 환경적으로는 기후변화 · 자원부족 등의 다양한 요인으로 인해 로봇 수요는 계속 증가하고 있는 것이 현실이다.

본지를 통해서도 꾸준히 소개되고 있지만 해외에서는 청소 로봇, 교육용 로봇, 수술 로봇, 농업용 로봇, 유리창 청소로봇, 재난구조 로봇, 감성 로봇, 치매 치료 로봇, 텔레프레즌스 로봇, 대화 로봇 같은 제품 이외에도 다양한 생활형 서비스 로봇 플랫폼이 생겨나고 있다. 로봇이 커피를 내려주는 로봇 카페, 피자나 빵을 굽는 음식 만드는 로봇, 세탁된 옷을 접어주는 빨래 개는 로봇, 식당 · 병원 · 호텔 등에서 음식물이나 우편물 · 택배 등을 배달해 주는 로봇, 거기에 다양한 서비스 로봇들이 고객에게 서비스를 해주는 로봇 호텔까지…

그러나 실제 가서 체험해 보면 아직은 부족한 부분도 있고 사람이 하는 것보다 느려서 답답한 경우도 종종 있다. 그렇지만 중요한 것은 사람들은 아직 완벽한 상태가 아니더라도 그 로봇을 체험해 보며 기뻐하고 즐긴다는 점이다. 그런데 우리는 로봇을 너무 완벽한 대상으로 생각하기 때문인지 생활형 서비스 로봇 출현이나 로봇 비즈니스 플랫폼을 주위에서 찾아보기 힘들다.

지금은 로봇 기술이 중요한 시대는 아니라고 생각한다. 또 우리나라도 선진국들과 비교해 손색없는 어느 정도의 로봇 기술은 확보하고 있다고 생각한다. 시간이 지날수록 기술은 분명 상향 평준화될 것이다. 문제는 이미 개발된 기술을 이용해 아직은 완벽하지 않더라도 실생활에 도움을 주는 다양한 서비스 로봇들이 만들어지고, 이러한 서비스 로봇들이 플랫폼화되어 소비자들이 직접 체험해보는 것이 중요하다. 그래야 세계 최고의 로봇 활용 국가라는 비전도 달성될 수 있다. 현실의 로봇을 실생활에서 제대로 접해 보지 못하고, 또 영화나 텔레비전을 통해서 본 환상적인 만능 로봇이 현재 우리의 로봇이라고 생각하는 한 세계 최고의 로봇활용 국가라는 비전 달성은 요원할 뿐이다.

순환 보직도 좋지만 전문성과 행정의 일관성이 중요하다_2017. 10. 22

'순환보직이란 조직 구성원을 일정한 간격을 두고 여러 다른 직위나 직급에 전보 또는 배치시키는 것을 말한다. 이러한 인사관리 방식은 여러 가지 보직을 담당하는 과정에서 시야와 경험을 넓히고 관리 능력을 향상시키는 장점이 있는 반면에, 전보가 빈번히 이루어지는 경우 업무 수행의 전문성과 능률성을 저하시키고 행정의 일관성을 해칠 우려가 있다.' 백과사전에 나와있는 순환보직에 대한 설명이다.

얼마 전 산업부는 새로운 인사발령을 내면서 국내 로봇산업 정책을 책임지고 있는 기계로봇과장을 새로이 보임했다. 로봇신문이 2013년 봄부터 창간 준비를 시작한 이후 4년여 동안 벌써 6번째 과장이 전보되었다. 강감찬–엄찬왕–김정회–정창현–김진–박동일과장까지. 창간 당시부터 이번까지 기계로봇과를 거쳐간 과장들과 이번에 새로 보임된 과장이다.

한 과에서 1년은 고사하고 몇 개월 만에 다른 부서로 옮겨버리니 업무 파악도 제대로 하기 힘든 실정이다. 현실이 이렇다 보니 새로운 정책을 기획하고 펼치기에는 몇 개월이라는 기간은 너무 짧다. 그러니 로봇산업을 이해하고 로봇산업의 미래를 예견하고 일관성 있고 제대로 된 로봇 정책을 펼치는 것은 처음부터 무리일지도 모른다.

이러한 상황에서 한국의 로봇산업이 제대로 발전할 리 없다.

백과사전에서 이야기하는 것처럼 전보가 빈번히 이루어지는 경우 업무 수행의 전문성과 능률성을 저하시키고 행정의 일관성을 해칠 우려가 있다. 이것은 당사자에게도 결코 이롭지 않다. 물론 당사자가 인사 문제를 결정할 수 없는 상황이고 공무원으로서 조직의 명령에 따라야 하니 어쩔 수 없는 상황일 것이다. 문제는 인사권을 가지고 있는 사람들이 순환보직과 관련해 이러한 사전에도 나와 있는 기본 상식을 모를 리 없을 텐데 어떻게 매번 이러한 병폐가 고쳐지지 않고 반복되는지 모르겠다.

다른 나라의 경우 국가의 로봇정책을 10년 또는 최소 5년 앞을 바라보고 수립하는 것이 일반적이다. 그렇기에 모든 정책에 일관성이 있다. 하지만 우리나라에서는 어느 과장이 오느냐에 따라 정책이 오락가락한다. 자기 입맛에 맞는 분야를 육성하려고 신경을 쓰다 갑자기 과장이 바뀌어버리면 기존 분야는 홀대받고 또 새로운 분야로 관심이 기울어진다. 로봇 R&D 또한 크게 다르지 않다. 정부의 로봇 기본 계획 같은 중요한 정책 역시 전문가들의 의견을 들어서 수립하다 어느 순간 과장이 바뀌면 기존 계획을 모두 폐기하고 다시 새로이 시작하기 일쑤이다. 그러니 제 시간에 맞춰 정책을 발표하는 것이 쉽지 않은 일이다. 어느 경우에는 로봇윤리를 민간에서 주도했으면 좋겠다고 하니 허겁지겁 윤리강령을 두세 달 안에 만들어 내라고 한다. 해외에서는 로봇 윤리 같은 문제도 모든 분야의 전문가들이 참여해 몇 년 또는 십 년 이상씩 연구하고 있다. 그러니 밑에서는 편법이 동원될 수밖에 없다.

이제 또 새로운 과장이 왔고 어차피 인사는 시행되었다. 이제라도 새로 임명된 과장은 한 분야에서 최소 2~3년 이상은 근무하면서 기계로봇에 대한 전반적인 지식을 이해하고 이를 바탕으로 미래 한국 로봇산업을 위해 어떤 정책을 수립하고 펼쳐 나가야 하는지 고민하고 전문가들의 의견을 수렴해 로봇산업을 위해 헌신했으면 좋겠다.

현재 로봇업계 역시 시급한 현안이 산적해있다. 제3차 지능형 로봇 기본계획 수립도 준비해야 하고, 한시법인 로봇산업진흥원법이나 국회에 입법 계류 중인 로봇기본법 처리 문제, 한국로봇산업진흥원 신임 원장 선임 문제, 한국로봇산업협회 임원진 인선, 평창 동계올림픽 관련 로봇대회를 차질 없이 준비해야 하고, 국가 로봇 R&D 계획 등 할 일이 너무 많다. 그리고 당장 내년 로봇 예산 관련해 국회와 예산작업도 확정해야 한다.

빠른 시간 내 이러한 산적한 현안들이 해결되어 로봇시대에 뒤처지지 않는 로봇 강국 대한민국을 보고 싶다. 새로운 기계로봇과장을 우리 로봇인 모두 환영하며, 이번에는 오랫동안 그 자리에서 많은 성과를 낼 수 있기를 기대한다.

인공지능 개발에 정치논리는 배제해야_2017. 3. 13

얼마 전 스페인 바르셀로나에서 열린 모바일월드콩그레스MWC에서 손정의 소프트뱅크 회장이 기조연설을 했다. 이 자리에서 손 회장은 향후 30년 내에 기계가 인간의 지능을 넘어서는 특이점이 올 것이라고 말하면서 오히려 인공지능을 통해 인간 삶의 질이 더 높아질 수 있다고 전망했다.

손 회장은 반도체회사 ARM홀딩스를 왜 인수했는지 그 이유를 밝히면서 특이점 이론을 인용했다. 그는 "반도체 칩 제조사는 최근 30년 동안 1000억 개의 칩을 판매해왔고, 향후 4년 내에 더 많은 칩이 판매될 것으로 예상된다"고 말하면서, "앞으로 20년 동안 스마트 기기의 '캄브리아기 대폭발'이 일어날 것이며, 반도체 칩 수요는 1조 개를 넘어설 것"이라고도 내다봤다. '캄브리아기 대폭발Cambrian Explosion'은 5억 4200만 년 전 다양한 종류의 해양성 동물 화석이 갑작스럽게 출현한 지질학적 사건을 일컫는다.

인공지능이 탑재된 구글의 자율주행자동차는 인간을 대신해 운전하고, 금융 분석 로봇 켄쇼Kensho는 월스트리트 금융 전문가보다 더 높은 수익을 내면서 투자를 하며, IBM 왓슨 헬스는 전문의보다 더 정확하게 질병에 대한 진단을 한다. 이러한 사실들만 놓고 보더라도 인공지능이 인간 삶의 질을 더 높이는 것은 명확해 보인다.

우리나라에서도 최근 인공지능이 우리 생활에 점차 파고들고 있다. SK텔레콤의 '누구', KT의 '기가 지니', LG전자의 허브 로봇이나 인공지능이 탑재된 스마트 냉장고, 코웨이의 로봇 공기청정기, 인공지능 에어컨, 청소 로봇 등 우리 생활과 밀접하게 관련된 가전제품에 이제는 인공지능 기술이 흔하게 접목되고 있다.

인공지능이 구현해낼 4차 산업혁명에 대비하기 위해 구글, 애플, 마이크로소프트 등 글로벌 기업들은 벌써 오래전부터 인공지능 개발에 전사적인 역량을 집중하고 있다.

다행히 미래창조과학부도(현 과학기술정보통신부)도 며칠 전 올해 인공지능[AI] 연구개발[R&D] 지원을 위해 1630억 원을 투입한다고 밝혔다. AI 기초기술 연구를 위해 '뇌과학연구' 지원에 618억 원, AI 소프트웨어 분야에 239억 원을 투입한다. 또 가상 비서 플랫폼 원천기술을 개발하는 플래그십 프로젝트에 145억 원, 노인 돌보미 · 무인 경계로봇 등을 개발하는 AI-로봇 융합 사업에 100억 원, 고용량 AI 소프트웨어를 원활히 실행할 수 있는 슈퍼컴퓨팅 기술 개발에 62억 원을 투자한다고 발표했다.

하지만 지난해 10월 정부가 주도하고 삼성전자, LG전자, 현대자동차, SK텔레콤, KT, 네이버, 한화생명 등 대기업 7개사가 각각 30억 원을 투자해 만든 지능정보기술연구원[AIRI]은 최근 출범 4개월도 안 돼 사실상 올스톱됐다고 한다. 최순실 국정농단 사태 와중에 미르 · K스포츠재단처럼 여기에도 청와대가 개입한 것 아니냐는 의혹

이 불거짐에 따라, 매년 150억 원씩 5년간 총 750억 원을 지원받을 계획이었으나 올해 예산을 한 푼도 배정받지 못했기 때문이었다. 글로벌 기업이나 선진국은 저만치 앞서 가는데 우리는 정치적인 논리에 얽매여 제대로 된 연구조차 이루어지지 못하고 있다. 인공지능 기술을 개발하는 것과 정치 논리는 무슨 상관관계가 있는 것일까. 세계와의 인공지능 전쟁에서 뒤처지지 않으려면 지금이라도 정치권은 관련 예산을 지원해 인공지능 분야에서 글로벌 기업들과 경쟁할 수 있게 해야 한다.

인공지능을 통해 인간 삶의 질이 더 높아질 수 있는데, 정치권이 당리당략에 따라 인공지능 개발을 가로막는 것은 국민의 삶의 질을 떨어뜨리는 일이다. 인공지능이 가져올 새로운 시대는 이미 우리 앞에 와 있다. 정치권은 미래를 보고 대승적인 판단을 해주기 바란다.

시장이 열리기만 기다린다?_2016. 8. 1

최근 거리에서 1인용 이동 로봇인 세그웨이, 전동 퀵보드, 외발 전동 휠, 자율 균형 유지장치를 가진 이륜 휠 나인봇 등 일명 개인용 이동장치(퍼스널 모빌리티)들을 자주 볼 수 있다. 젊은 싱글족 사이에서 개인용 이동장치가 새로운 이동수단으로 각광받으면서 레저용뿐만 아니라 출퇴근용으로도 이용되는 등 그 용도가 점차 넓어지고 있다. 여기에 몸이 불편하신 노인들이나 장애인을 위한 전동 휠체어 같은 것들도 도로에서 종종 마주하게 된다.

세그웨이가 처음 나온 것은 2001년이다. 세그웨이는 미국의 발명가 딘 카멘Dean Kamen이 개발한 1인용 이동수단으로, 당시에는 획기적인 교통수단이라고 사람들이 열광했다. 또 어떤 기자는 세상을 바꿀 만한 발명품으로 세그웨이를 소개하면서 화제가 되기도 했다. 딘 카멘은 본인이 설립한 회사인 DEKA의 연구개발원으로 있으면서 1970년대에 휴대용 인슐린 펌프와 서류가방 크기의 신장투석기를 개발했으며, 계단을 자유롭게 오르내릴 수 있는 노인 및 장애인용 전동 휠체어 아이봇iBOT을 만들기도 했다.

그러던 중 2015년 4월 중국 베이징에 위치한 나인봇이 경쟁 업체인 세그웨이를 인수한다고 발표했을 때 전 세계는 경악했다. 왜냐하면 나인봇은 세그웨이 제품을 모방한 업체였기 때문이다. 이후 세그웨이는 나인봇의 자회사로 흡수되었으나 세그웨이라는 브랜드는 그대로 유지되어 있다.

이러한 새로운 이동수단의 등장은 전형적인 자동차 중심의 기존 제도와 시스템을 개편할 필요성을 안고 있다. 얼마 전 있었던 세미나에서 한 발표자가 우리나라는 교통수단 구분으로 보행자와 운전자만 있다고 했다. 보행자란 걷는 사람, 유모차를 동반한 사람, 휠체어(수동 · 자동휠체어, 의료용 스쿠터)를 탄 사람 3가지 부류만 해당되고, 운전자란 차마를 운전하는 사람만 해당된다고 했다. 따라서 개인용 이동수단을 이용하는 사람은 차도를 이용해야 하는지, 인도를 이용해야 하는지, 아니면 자전거 도로를 이용해야 하는지 아직까지 명확한 규정이 없다고 한다. 가볍고 작은 개인용 이동장치를 자동차가 다니는 차도에서 이용하게 한다면 안전에 대한 위험성과 사고 문제가 꽤나 높을 것이다. 그렇다고 사람이 다니는 인도를 이용하게 하는 것도 보행자의 안전 문제에 큰 영향을 줄 수 있다. 그렇게 생각하면 자전거 도로를 이용하게 하는 것이 그나마 가장 나아보인다.

이러한 문제점 때문에 정부도 지난 5월 18일 청와대에서 대통령 주재로 제5차 규제개혁 장관회의 및 민관합동 규제개혁 점검회의를 개최해 다양한 유형의 차세대 교통수단이 도심을 자유롭게 다닐 수 있도록 관련 법 · 제도를 정비하고, 세그웨이, 전동 퀵보드 등 개인형 이동수단의 통행방법과 관리방안을 마련하는 등 개인형 이동수단이 좀 더 자유롭게 운행할 수 있는 환경을 조성할 계획이라고 밝혔다. 하지만 아직도 행자부, 국토부, 산업부 등 관계부처에서 서로 눈치만 보며 상대 부처에 책임을 떠넘기는 모양새다.

가까운 일본도 세그웨이와 유사한 도요타의 개인용 이동 로봇 '윙렛

Winglet'을 아이치현에 있는 도요타시와 이바라키현에 있는 츠쿠바시에서만 제한적으로 주행 테스트를 해오다 지난 3월부터 도쿄의 인도에서 주행테스트를 1년간 진행하고 있다.

일본의 후지키메라총연富士キメラ総研이 발간한 '세계 차세대 이동수단 관련 시장 동향' 조사 보고서에 따르면 세그웨이나 도요타 자동차의 윙렛 같은 서서 타는 전동 이륜차의 세계 시장이 선진국을 중심으로 임대 및 셰어링의 대규모 실증실험이 이루어지면서 서비스가 증가해 2030년이면 2014년 대비 68.9배 성장한 23조 원 규모로 예상된다고 발표했다. 2015년 시장 규모는 약 5000억 수준이라고 한다. 또 그랜드 뷰 리서치 발표에 따르면 2020년이면 글로벌 개인용 이동장치 시장이 9조 원대에 다다를 것이라고 한다.

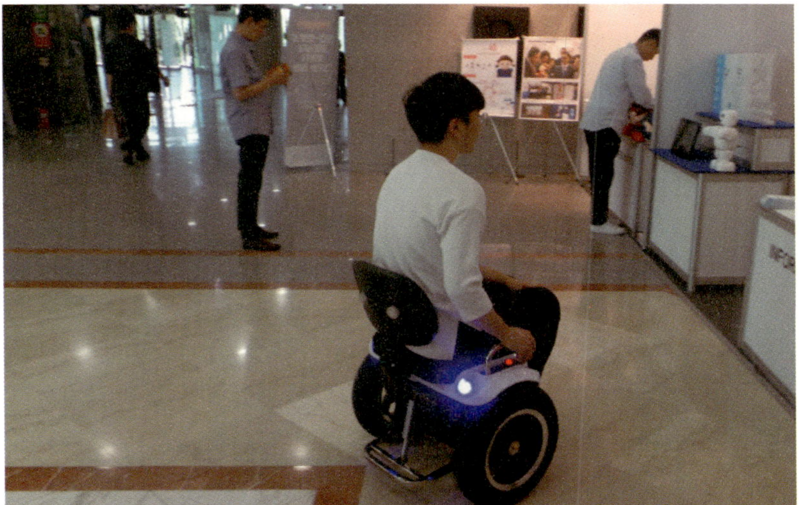

로보쓰리의 개인용 이동 로봇 '무빙 체어'

최근 필자가 만난 한 개인용 이동로봇 업체 대표는 필자에게 남들보다 한 발 앞선 기술로 세계 최고의 제품 개발을 이미 완료해놓고 관련 시장이 열리기만을 기다리고 있다는 이야기를 했다. 이 회사가 국내에서 처음 개인용 이동로봇 사업을 할 때만 해도 별로 신경을 쓰지 않았다고 했다. 그러나 중국에서 나인봇과 전동 퀵보드, 외발 전동 휠 등이 국내에 물밀듯이 밀려오면서 시장이 만들어지자 이 회사를 바라보는 눈이 달라졌다고 한다. 그러니 중국 제품이 국내에 들어와 또 시장이 열리기만을 기다린다고 할 수밖에…왜 우리가 개발한 우수한 제품들이 국내에서 이런 푸대접을 받아야 하는지 안타깝다.

이제 이동형 로봇도 이동 수단보다 사람과 소통하는 기능을 갖췄다는 점에서 점차 서비스 로봇으로서의 가능성이 부각되고 있다. 개인용 이동 로봇이 새로운 이동수단에서 관광산업, 마케팅/홍보, 보안순찰, 레저수단, 공장/물류센터 등으로 영역을 넓혀가면서 성장하고 있는 시점에 정부 역시 빠른 규제 완화를 통해 관련 산업이 크게 성장할 수 있도록 나섰으면 한다.

로봇세 유감_2016. 7. 1

지난주 국내 정치권과 학계 등에서 로봇이 일자리를 빼앗아간다며 일명 '로봇세'를 도입해야 한다는 취지의 주장들이 나왔다는 이야기를 듣고 로봇인의 한 사람으로서 참 어이없다고 생각했다.

국회에서 열린 한 미래 포럼에서 4차 산업혁명 시대에 적합한 새로운 기업 조세제도로 인간의 노동력을 대체하는 기계 설비 및 소프트웨어 구동 단위에 과세를 검토해야 한다는 한 정치인의 주장이 있었고, 어느 학술대회에서도 앞으로 로봇 도입으로 전체 일자리 수와 노동 시간이 줄어들기 때문에 세수입 감소가 불가피해 이를 보전할 방법으로 로봇세 도입을 제안했다는 내용이었다.

며칠 전 본지는 우리나라가 세계 제2의 산업용 로봇 국가가 되었다는 국제로봇연맹IFR의 2015년 세계 산업용 로봇 실태 보고서를 보도한바 있다. 우리나라는 2015년에 3만 5000대의 산업용 로봇을 판매해 처음으로 중국에 이어 세계 2위 국가로 도약했다. 그러나 이면을 살펴보면 그리 당당하지가 않다. 국내 로봇시장에서 야스카와, ABB, 쿠카, 화낙 같은 세계적인 로봇 기업들의 판매가 계속 증가하면서 이들의 점유율도 덩달아 늘어나고 있기 때문이다.

ABB 산업용 로봇의 자동차 도장 및 용접 시연 모습

2014년 국내 로봇산업 실태조사에 따르면 전년 대비 산업용 로봇 수입금액이 38% 크게 증가하였다는 사실이 이를 반증한다. 이에 비해 한국 최고의 산업용 로봇업체라고 불리는 현대중공업이 국내에서조차 매출액이 크게 줄면서 점차 설 땅을 잃어가고 있는 상황은 안타깝지만 오늘날 우리가 처한 현실이다.

물론 필자도 현재 전 세계적으로 생산 라인에 로봇 도입이 늘어나면서 근로자들의 실업에 대한 공포가 확산되고, 부의 불평등과 인간 소외 문제가 심각해지고 있다는 현상을 모르는 바 아니다.

하지만 지금은 로봇세 도입을 논하기보다는 어떻게 하면 국내 로봇산업을 육성하고 발전시킬 것인지 정치권이나 정부, 학계, 로봇산업 종사자 모두가 함께 고민하고 노력해야 할 시점이라고 본다.

로봇세 이야기는 얼마 전 유럽연합(EU)에서 발표한 보고서에서도 등장했다. 로봇 작업자에게 '전자인electronic persons'의 지위를 부여해 법적인 책임과 의무를 지게 하자는 내용이다. 이 보고서에서는 산업 현장에 설치되는 로봇의 지능이 높아지고 자율성이 강화되면서 로봇에 대한 세금 부과, 법률적인 책임 등 모든 문제를 숙고해야 할 시점에 이르렀다고 지적했다.

하지만 EU에서조차 이에 대해 부정적 의견이 나오고 있다. 독일엔지니어링협회 관계자는 전자인에 관한 법률적인 프레임워크는 50년이 지난 후에야 현실화될 수 있다면서 10년 안에는 일어날 수 없다고 말했다. 그러면서 전자인이란 개념이 관료적이고 로봇 개발을 저해하게 될 것이라는 의견을 개진했다.

물론 앞으로 30년에서 50년이 흐른 미래 세상에는 인공지능 로봇이 정말 우리의 많은 일자리를 대체할지도 모른다. 하지만 그렇다고 벌써부터 국내에서 로봇세 이야기를 논의한다는 것은 설사 그것이 아이디어 차원이라 하더라도 아직도 한참 발전해나가야 할 국내 로봇산업의 기를 꺾는 일이라고 생각한다.

며칠 전 대한상공회의소 박용만 회장도 경제민주화 전도사로 불리는 더불어민주당 김종인 대표를 만나 지금 경제가 너무 어려우니 기업들을 너무 옥죄지 말아달라고 부탁했다는 신문 기사를 읽은 적이 있다.

지금은 로봇세라는 이상한 논리를 내세워 국내 로봇기업들을 옥죄기보다는 그들이 글로벌 경쟁력을 갖출 수 있도록 지원하고 육성하고 관심을 갖는 것이 우선일 것이다. 로봇세라는 말로 정치권이나 학계가 너무 앞서나가 국내 로봇기업들의 비즈니스 의욕을 꺾는 우(憂)를 범하지 않았으면 좋겠다.

로봇산업,
아직 정부의 관심이 필요하다_2015. 10. 26

며칠 전 '2014 국내 로봇산업 실태조사' 결과가 발표되었다. 많은 사람들의 예상을 깨고 2014년 국내 로봇산업 규모는 2조 8540억 원으로, 전년 대비 18%나 증가하였다. 제조업용 로봇이 73.6%로 국내 로봇 시장을 여전히 지배하면서 처음으로 2조 원을 넘어섰다.

서비스 로봇 시장은 3565억 원으로 전체 로봇 시장에서 12.5%를 차지하며 2011년 처음 3천억 시장을 형성한 이후 4년째 3천억 시장을 벗어나지 못하고 있다. 전문 서비스 로봇 시장은 증가하고 있지만 개인 서비스 로봇 수출은 30%나 감소하였다. 반면 수입은 4776%로 크게 증가하면서 국내 로봇 시장에서 외국산 서비스 로봇의 수요가 크게 늘어나고 있는 것으로 보인다. 전 세계 서비스 로봇 시장은 급격히 성장하는데, 국내 서비스 로봇 시장의 성장은 너무 더디다는 느낌이다.

반면 부품 업계의 성장은 주목할 만하다. 시장 규모도 3962억 원으로 13.9%를 차지하며 전년 대비 32% 고속 성장하였다. 수출도 전년보다 28.3% 늘어났다. 바람직한 현상은 부품 및 부분품의 수입이 전년보다 16% 감소하였다는 것이다. 국내 로봇 시장은 커졌는데 부품 수입이 감소했다는 것은 국산 부품이 그만큼 시장을 늘려가고 있다는 긍정적 의미로 해석된다.

지난달에는 국내 최대 인터넷 포털기업 네이버 최고기술개발자가 개발자 컨퍼런스 기조 연설을 통해 '앞으로 로보틱스 · 모빌리티 · 스마트홈 등 다양한 하드웨어 분야에 투자해 기술혁신을 이어나갈 것'이라고 밝히면서 로봇 사업에 진출한다고 발표해 로봇인들이 큰 기대감을 갖게 했다. 네이버는 모빌리티, 로보틱스, 스마트홈 등 다양한 HW 분야에 대해 글로벌 산학 연계를 통한 공동 연구 및 국내 강소기업과의 협업으로 글로벌 시장에서 새로운 기술 혁신을 이어갈 예정이며, 이를 위해 국내외 우수 인재들도 적극 채용할 계획으로 알려졌다.

이번 주에는 세계 3대 · 국내 최대 로봇축제인 로보월드 2015 행사가 12개국에서 215개사가 참가한 가운데 일산 킨텍스에서 열린다. 로봇 · 기계 · 금속 · 공구전 등 4개 전시가 통합된 한국산업대전의 이름으로는 처음 열리면서 킨텍스 전관을 사용한다. 많은 로봇인들은 전시회 통합 개최로 그동안 쌓아온 로보월드의 위상이 좁아지는 것은 아닌지 적지 않은 우려를 표시했었다. 하지만 한국산업대전 합동 개최에 따라 16만 명에 달하는 관람객과 전체 5천 명의 바이어들이 전시장을 찾을 것이라고 하니 오히려 로봇 기업들에게는 좋은 마케팅과 비즈니스 기회가 될 수도 있을 것이다.

또 이번 로보월드는 로봇인들에게는 뜻 깊은 행사이다. 2006년 산업부 지원 하에 처음 로보월드라는 이름으로 전시회가 시작된 지 올해가 꼭 10년째 되는 해이기도 하다.

그런데 이러한 개막식에 주무 부처인 산업부 장관도, 차관도 참석하지 않는 것으로 알려졌다. 물론 여러 가지 사정이 있겠지만 아쉬움이 남는 것은 필자만의 생각일까.

올림픽 등 큰 국제대회에서 우리나라 선수들이 우승을 하거나 금메달을 따면 대통령이 축전을 보내거나 청와대에 초청해 선수들을 격려하는 모습을 우리는 언론을 통해 자주 접했다. 지난 6월 미 국방성에서 실시한 세계 재난구조로봇 경연대회인 DRC에서 세계 유수의 팀들을 물리치고 국내 휴보팀이 값진 우승을 해서 전 세계에 한국의 뛰어난 로봇 기술을 알렸지만 어디에서도 대통령의 축전이나 청와대 초청을 받았다는 소리를 들어 보지 못했다. 대통령은 차치하고라도 주무 부처 장관이 격려했다는 소리도 들어보지 못했다.

이번 로보월드에는 당시 세계대회에 참가했던 국내의 KAIST, 로보티즈, 서울대팀 로봇들이 다시 한자리에 모여 당시 수행했던 미션들을 재현한다고 한다. 이런 자리에서라도 주무 부처 장관이 참석해 그 팀들을 축하하고 격려하는 모습을 보여 주었다면 많은 로봇인들이 더 힘이 나고 자부심을 느꼈을 텐데 아쉽다.

어떻게 생각해보면 주무 부처에서 과연 국내 로봇산업을 발전시키고 육성할 의지가 있는지조차 의심이 든다. 말로만 미래성장동력이니 신성장동력이니 하는 것은 아닌지, 로봇 부문 예산을 예년만큼 확보하고 지원해주는 것으로 할 일을 다 했다고 생각하는 것은 아닌지 모르겠다. 우리 로봇 기업들도 모두 노력해야 하지만, 정부도 아직은 로봇산업에 대한 강한 육성 의지를 명확히 할 필요가 있다.

정부가 로봇산업을 육성할 확고한 의지가 있는지 불명확한데 어떻게 대기업이, 또 외국기업이 국내 로봇산업에 과감한 투자를 하겠는가. 정부는 좀 더 애정 어린 눈으로 로봇산업을 신경 써주기를 바란다.

로봇수술 논란은 가라앉았지만_2013. 6. 8

"로봇 수술을 받으면 사망률이 80%에 이른다!"

지난해 노환규 대한의사협회장이 한 언론 인터뷰에서 주장해 논란을 불러왔던 내용이다. 다른 사람도 아닌 우리나라 최대 의사들의 모임인 의협 회장이 한 발언이라 파장은 커질 수밖에 없었다.

만약 그게 사실이라면 도대체 우리나라 보건당국은 무엇을 하고 있는 것인가. 실제로 필자의 지인 중에서도 로봇수술을 받고 3일 만에 퇴원했다며 로봇수술의 신기함을 늘어놓은 이가 있었다. 그렇다면 그는 겨우 20% 남짓한 생존율을 뚫고 살아나온, 억세게 운 좋은 사람이었다는 의미다.

당시 논란이 일자, 한 야당 의원이 국정감사 질의에서 이에 대한 대책을 요구하고 나섰다. 물론 보건복지부는 로봇수술을 시행하는 전국 30개 병원의 환자 정보와 수술 건수 및 환자 상병 등 현황을 전수 조사한 결과를 통해 사실이 아님을 적극 밝혔다.

2005년부터 2011년까지 전체 로봇 수술 환자 2만 944명을 대상으로 한 조사에서 사망률은 0.09%(18명)로 나왔다. 천만다행으로 의협회장의 주장과 야당 의원 대책 요구 등 일련의 과정이 해프닝으로 드러난 것이다.

지난해 기준 국내 로봇수술 장비는 전국 30개 병원에서 36대가 사용되고 있다. 이것은 세계 5위 보유 규모이자 인구 100만 명당 비율에서는 세계 3위 수준인 아주 높은 수준이다. 우리나라의 로봇 수술은 주로 서울에 있는 세브란스병원(신촌 4대, 강남 1대)이나 서울대학교병원(2대), 아산병원(2대)과 같은 대형병원 위주로 사용되고 있다. 지난 2005년 24건을 시작으로 2011년까지 벌써 2만 944건이 시술됐다고 한다.

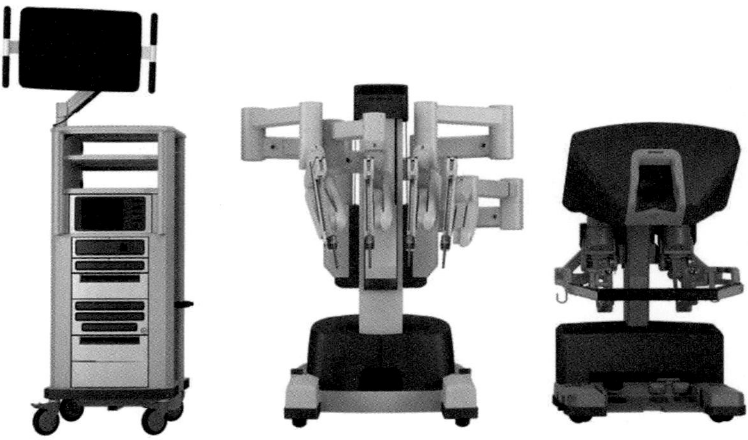

인튜이티브 서지컬의 수술로봇기 다빈치 X 시스템

로봇 수술은 첨단 수술 기구인 로봇을 환자의 몸에 장착하고 수술자가 원격으로 조종하여 시행하는 복강경 혹은 내시경 수술 방법을 말한다. 이 가운데 내시경 수술은 기존의 피부 절개를 통해 시행하는 방법이 아닌, 하나 또는 여러 개의 구멍을 통해 진행하는 수술을 말한다. 복강경 수술 역시 하나 또는 여러 개의 구멍을 뚫어 복부 수술을 시행하는 것이다.

수술에 사용되는 '다빈치' 시스템은 복강경 수술 장비 가운데 가장 대표적인 것으로, 미국 인튜이티브 서지컬Intuitive Surgical사에 의해 1999년 첫 선을 보인 이래 우리나라를 포함한 선진국에서 여러 분야 수술에 이용되고 있다.

기본적으로 로봇수술이 가진 장점으로는 회복이 빠르고 수술자국(흉터)이 작다는 점이 꼽힌다. 그러나 수술 기구가 작고 로봇 장착과 분리 등의 추가 시간이 필요하며, 기존 수술에 비해 고가의 비용을 부담해야 한다는 것 등이 단점으로 지적되기도 한다.

또한 로봇수술은 대당 30억~40억 원씩 하는 고가의 장비 구입 비용에다가 장비를 유지하는 데 또 매년 2억 원 이상의 비용이 필요하다고 한다. 하지만 무엇보다도 어느 의대 교수의 지적처럼 충분히 안전하게 실시할 수 있는 수술을 무리하게 로봇에 의존하는 것은 아닌지 되돌아볼 필요가 있어보인다. 또 의료수가는 낮지만 대형 병원 간 죽기살기식의 치열한 경쟁이 과도한 투자를 부르며, 단지 병원 수익만을 쫓기 위해 무분별하게 환자에게 로봇수술을 들이대는 것은 아닌지 살펴보았으면 좋겠다.

앞으로 로봇 기술이 더 발전하면서 수많은 종류의 로봇수술이 병원에서 행해질 것이다. 근거 없이 확대 재생산된 '로봇수술 사망률 80%' 논란을 하나의 해프닝으로 끝내지 말고 로봇수술의 효용과 안전성을 되돌아볼 수 있는 계기로 삼았으면 한다.

제5장

선도 연구로 로봇산업 '캐즘' 극복해야

일본 경제 보복 위기를 우리 로봇산업 발전의 기회로
한국 로봇산업 위기일까, 기회일까?
정부의 로봇산업 육성 전략이 성공하려면
부품 공용화 통해 국내 로봇산업 경쟁력 확보해야
일본처럼 패러다임을 바꾸자
선도 연구로 로봇산업 '캐즘' 극복해야
개방하는 기업이 성공한다
로봇산업 발전을 위한 몇 가지 苦言
로봇산업과 퍼스트 무버

일본 경제 보복 위기를 우리 로봇산업 발전의 기회로_2019. 7. 21

최근 온 나라가 일본이 한국을 대상으로 시행한 수출 규제 보복 조치로 들썩이고 있다. 일본이 수출규제 대상으로 삼은 고순도 불화수소(에칭가스), 플루오린 폴리이미드, 포토리지스트 등 3개 품목은 우리나라 산업의 핵심이라고 할 수 있는 반도체와 디스플레이 패널 제조에 핵심적인 소재이다. 이로 인한 우리 기업들의 피해는 현재로서는 가늠하기조차 힘들다고 한다.

하지만 더 큰 문제는 곧 일본이 두 번째 보복 조치로 한국을 안전보장상 우호국에게 수출 절차와 간소화 혜택을 주는 '화이트(백색) 국가'에서 제외할 가능성이 상당히 높다는 것이다. 만일 이것이 현실화된다면 첨단소재 등을 중심으로 한 약 1100여 개의 일본산 소재 수입이 규제 품목에 묶이게 되어 품목당 일일이 허가를 받아야 한다. 그렇게 되면 반도체와 디스플레이 등의 IT 산업뿐만 아니라 자동차, 기계, 철강 등 다른 산업 분야까지 큰 영향을 받게 될 것이란 예측이 나오고 있다. 이 경우 우리 기업뿐만 아니라 국가 경제, 나아가 전 세계 경제마저 위험에 빠뜨릴 수 있다.

이번 무역 갈등의 근본 원인은 역사 문제이기에 두 나라가 쉽게 양보하기 어려울 것으로 전망되는 데다, 일본의 보복 조치에 따른 우리 정부나 국민들의 맞대응으로 인해 갈등이 오랫동안 지속될 것으로 보인다. 한편으로는 사태를 이 지경까지 몰고 온 우리 정부가 답답하고 한심하다. 왜냐하면 무역 갈등의 피해는 결국 우리 기업과 국민들이 부담해야 하기 때문이다. 물론 이번 사태의 발단은 양국 정치 문제를 경제 제재로 풀려는 일본 아베 정권의 치졸함에서 시작하였기 때문에 아베 정권은 비판받아 마땅하다.

더구나 아베 총리는 자유롭고 공정하며 차별 없는 무역을 강조한 오사카 주요 20개국(G20) 정상회의 공동성명을 발표한 지 일주일도 안 되어, 또 한 · 북 · 미 정상이 판문점에서 역사적으로 만난 직후 세계 자유무역 질서를 훼손하는 보복 조치를 결정했다. 아베 정권의 보복은 졸렬하며 전 세계 자유무역과 국제분업 질서를 파괴하는 위법 행위로서 그동안 두 나라가 쌓아온 협력관계를 파탄내고 있다.

경제 보복 조치를 먼저 취한 곳이 일본 아베 정권이기는 하나, 우리 피해가 심각한 상황이므로 우리 역시 현실을 올바로 인식하고 지혜롭게 대처할 필요가 있다. 화이트 국가에서 제외되면 당장 기계 산업, 그 중에서도 우리 로봇 분야에 심각한 문제가 발생할 수 있다. 특히 로봇 팔의 핵심 부품으로 동작 속도를 미세하게 조절하는 장치인 로봇 감속기와 서보 모터는 현재 거의 대부분을 일본에서 수입해 쓰고 있다. 통계에 따르면 전 세계 로봇 감속기 시장은 일본 스미토모, 나브테스코[Nabtesco], 하모닉드라이브[HarmonicDrive] 등 세 기업이 글로벌 시장의 80% 이상을 점유하고 있다. 전 세계 산업용 로봇 시장에서는 화낙, 야스카와, 나치, 덴소, 엡손, 가와사키 같은 일본 기업들이 시장을 장악하고 있는 만큼 로봇 부품과 완제품 시장에서 경제 보복 확대로 인한 국내 로봇산업의 피해 역시 발생할 수밖에 없을 것이다.

따라서 이번 기회에 특히 주요 소재 산업과 부품 산업에서의 국산화 노력이 반드시 필요하다. 본지 칼럼을 통해서도 필자가 몇 번 지적했듯이 우리나라도 국산 부품을 사용하는 기업에게는 정부가 여러 가지 방법을 통해 혜택을 주고, 국내 기업 스스로도 당장은 부족하더라도 국산 제품을 적극 사용하여 품질과 가격 경쟁력을 높여 지금과 같은 경제 보복에 대처해나갈 수 있는 발판을 마련해야 한다.

우리나라도 로봇 감속기나 서보 모터, 모터 드라이버 같은 핵심부품의 국산화 문제는 사실 15년~20년 전부터 기업에서 꾸준히 제기되어 왔고, 이를 위해 정부도 그동안 많은 지원을 기울여왔다. 지난주 국내 부품기업에서 들은 이야기로는 감속기의 경우 정밀도나 기능적인 면에서는 일본 주요 경쟁사에 거의 근접해있지만, 내구성에서는 아직 80% 후반대의 완성도를 보이고 있다고 한다.

2019 로보월드에 참가한 국내 로봇기업 '제우스'의 산업용 로봇 '제로'

이 과정에서 우리는 중국의 사례를 교훈으로 살펴볼 필요가 있다. 중국산 감속기 역시 수년간에 걸쳐 시장의 검증을 거치면서 2016년 이래 인지도를 높여오며 시장의 신뢰를 쌓고 있다. 일본이 장악하고 있는 산업용 로봇 감속기의 중국산 대체 과정은 매우 힘든 상황이었지만 중국 정부의 적극적인 지원과 이에 따른 자국 기업들의 대량 주문이 시작되면서 신뢰성 난관을 극복하고 있다.

우리 역시 감속기나 서보 모터, 모터 드라이버 같은 핵심 부품들이 오랫동안 외산 기업에 의해 지배되어온 제품이라는 점을 고려했을 때, 이들 제품의 국산화는 로봇 원가를 낮추고, 국산 로봇의 시장 점유율 확대에도 중요한 전기(轉機)가 될 것이다.

이 위기를 통해 바람직한 돌파구를 마련한다면 이번 일본의 경제보복으로 인한 경제 위기는 일본의 경제 종속에서 벗어나 오히려 국내 소재 · 부품 산업과 하드웨어를 육성하고 발전시키는 데 좋은 기회가 될 수 있을 것이라고 생각한다.

늦었지만 그리고 처음부터 당장 쉬운 일은 아니겠지만, 이제라도 정부나 기업들이 치밀하게 계획을 세워 실행해나갔으면 좋겠다.

한국 로봇산업, 위기일까, 기회일까?_2019. 4. 21

미중 무역전쟁으로 중국 로봇산업이 일시적으로 위기에 빠진 모양이다. 국내에서는 잘 느껴지지 않지만 중국 현지에서 느끼는 분위기는 사뭇 다르다. 지난주에 필자는 중국에서 열린 카렐차페크상 시상식 참석차 중국 안휘성에 있는 우후시를 며칠 다녀왔다.

현장에서 만난 중국 로봇기업들의 이야기를 종합하면 중국은 현재 미국과의 무역 마찰 때문에 중국 기업에 대한 은행 대출이 이루어지지 않고 있다고 한다. 그러다 보니 중국 기업이 어려움을 겪고 있고, 그 여파로 중국에 진출해 있는 글로벌 로봇기업들의 영업 실적까지도 좋지 않은 모양새다. 화낙만 약간 성장했을 뿐 쿠카, 야스카와, ABB 등 중국 현지에 진출해 있는 글로벌 로봇기업들의 작년 영업 실적은 대부분 전년 대비 마이너스를 기록했다고 한다.

중국 언론보도에 따르면 아직도 중국에서는 글로벌 로봇기업들의 생산 시설 확충 투자가 이루어지고 있지만 그것은 이미 미중 무역전쟁 전에 계획된 것이라는 이야기도 들린다. 어느 관계자는 몇 달 전부터 중국에 진출해있는 글로벌 로봇기업들의 생산 라인이 반 정도 멈춰있다는 이야기를 듣고 있다는 소식을 전하기도 했다.

여러 가지 상황을 종합할 때 현재 중국 산업용 로봇 시장이 좋지 않은 것만은 확실해보인다.

물론 작년 국내 산업용 로봇기업들의 실적도 좋은 편은 아니었다. 반도체나 LCD, OLED, 자동차 등에 대한 투자가 크게 일어나지 않으면서 국내 산업용 로봇 기업들 역시 어려움을 겪었다. 문제는 올해까지도 이 분위기가 나아질 기미가 보이지 않는다는 것이다.

현지에서 만난 중국 로봇기업들의 한국에 대한 반응은 아직 나쁘지 않다. 중국 산업용 로봇기업들과 로봇 부품 기업들은 한국 시장 진출에 대해 커다란 관심을 가지고 있다. 그러나 그들이 궁극적으로 생각하는 것은 세계 로봇시장을 리드하고 있는 일본이다. 한국은 일본 시장에 진출하기 위한 하나의 경유지 정도로 생각한다는 것이다.

이러한 중국의 스탠스와 중국 로봇산업의 위기는 과연 우리에게 기회일까, 위기일까. 국내 로봇 관계자는 중국 로봇산업의 일시적 침체가 한국에게도 위기일 수 있다고 지적한다. 왜냐하면 한국이 수출하고 있는 산업용 로봇 시장의 상당 부분이 중국 시장이기 때문이다. 2017년 기준 산업용 로봇의 대(對)중국 수출액은 5000억이 넘는다.

이러한 시기에 우리 로봇계가 어떻게 해야 이 위기를 기회로 바꿀 수 있을지 생각해 본다. 다음과 같은 몇 가지 사항을 준비한다면 가능하지 않을까하는 것이 필자의 생각이다.

첫 번째, 전자, 반도체, LCD, 자동차 산업에 편중되어 있는 산업용 로봇 응용 분야를 식품이나 화장품, 음료, 고무, 플라스틱, 금속,

기계 등의 분야로 확장하는 방법을 찾을 수 있다. 물론 앞의 산업들이 주로 중후장대형 산업이라 로봇에 대한 투자가 발생하면 큰 수요가 이루어질 수 있지만 언제까지 그 산업에만 목을 매고 살 수는 없지 않을까. 이에 비하면 후자들은 수요가 앞에 기술한 산업만큼 폭발적이지는 않지만 나름 꾸준한 성장세를 이어가고 있는 산업들이다. 특히 화장품이나 식음료 산업은 향후에도 꾸준한 성장세가 이루어질 것으로 예측된다.

두 번째로는 산업의 확장 전략과 함께 수출 지역의 다변화도 필요하다. 국내 로봇산업 수출에서 중국 시장이 차지하는 비율이 크다고 하지만 대만, 베트남, 싱가포르, 태국, 인도 등 신흥 산업국가로 로봇 시장을 다변화하는 전략도 적극 추진해야 할 필요가 있다. 국제로봇연맹(IFR) 자료에 따르면 대만 산업용 로봇시장은 2012~2017년 연평균 26% 성장하고 있고, 베트남은 2016년 대비 2017년 산업용 로봇 규모가 5배 이상 성장했다. 싱가포르 역시 72%, 태국 28%, 인도 30%, 이탈리아 19%, 프랑스 16% 등 이들 신흥시장의 로봇 수요도 큰 증가세를 나타내고 있다. 따라서 이들 지역으로 수출 시장을 다변화하기 위한 노력도 필요해 보인다.

세 번째는 향후 중국 시장이 위기를 벗어나고 다시 도약하는 시기를 위한 준비도 이루어져야 한다. 누가 뭐래도 중국 산업용 로봇 시장은 글로벌 No.1이다. 이를 위해 작년 한국로봇산업진흥원도 중국 쇼산지구에 한국로봇센터를 개소했지만 좀 더 중국시장에 관심을 갖고 한국로봇센터를 육성하는 일도 우리가 해야 할 일이다. 우리 로봇기업들도 중국 시장 진출을 위한 마케팅과 홍보 활동을 강화하고, 우리가 우위를 가지고 있는 분야에서라도 중국 로봇기업들과의 교류나 협력, 현지화를 확대해야 한다.

네 번째는 중국이나 일본 등 우리나라 주변 경쟁국들의 로봇 완제품, 부품 공세에 적극 대처하고 국내 로봇산업을 보호하고 발전시키려면 우리도 역량 있는 힘을 키워야 한다. 핵심 로봇 부품의 국산화를 빠르게 추진하고 개발된 로봇 부품을 국내 로봇기업들이 적극 사용할 수 있게 권장하고 또 정책적인 지원을 펼쳐야 한다. 그렇게 해서 시장 검증이 이루어지면 해외 수출 제품에도 적극 사용하여 국내 로봇산업의 가격 경쟁력이나 품질 경쟁력을 키워주어야 한다.

마지막으로 로봇 SI기업의 육성도 필요하다. 로봇기업들이 로봇 개발에서 생산, 영업, AS까지 모든 부분을 감당하기에는 대기업을 제외하면 벅찰 수밖에 없다. 특히 대기업이 중소제조기업의 스마트 팩토리, 로봇화에까지 발 벗고 나설 수 있는 상황도 아니다. 이러한 문제를 해결하기 위해서는 국내 로봇 SI기업의 육성은 절실한 상황이다. 한국로봇산업협회가 로봇SI기업들의 협의회를 만들 준비를 하고 있다니 다행이라고 생각한다. 국내 IT산업이 지금과 같이 세계적으로 발전할 수 있었던 배경에는 국내 SI기업들이 큰 기여를 했다고 본다. 로봇산업이 발전하려면 관련 SI기업 육성은 반드시 해야 하는 일이다.

미중 무역전쟁으로 인한 중국 로봇산업의 침체는 분명 우리에게도 위기다. 그러나 위기를 기회로 만들어나간다면 한국 로봇산업이 한 단계 더 도약할 수 있는 발판이 될 수도 있다. 이것이 위기일지 기회일지는 우리 로봇인들의 몫이라고 생각한다. 정책 당국과 로봇산업계의 현명한 대처를 기대한다.

정부의 로봇산업 육성 전략이 성공하려면_2019. 3. 24

연초부터 두 달여 동안 국내 로봇업체 CEO들을 만나 작년 실적과 새해 계획 등을 들어보았다. 그런데 공교롭게도 산업용 로봇 기업들은 작년 자동차, 반도체, LCD 산업에 대한 투자가 저조하면서 마이너스 성장을 기록한 것으로 나타난 반면 서비스 로봇 기업들은 나름 어려운 환경 속에도 지속적인 성장을 하였다.

한편 지난 22일 대구에 위치한 현대로보틱스에서는 대통령이 참석한 가운데 로봇산업을 4차 산업혁명 시대 핵심산업으로 육성하기 위한 '로봇산업 육성전략 보고회'가 있었다. 대통령이 참석한 가운데 로봇 행사가 개최된 것은 필자 기억에는 처음인 것 같다. 정부가 로봇산업을 미래 신성장동력으로 육성하겠다고 늘 말해왔지만 대통령 앞에서 이러한 행사를 해본 적은 없던 걸로 기억한다. 그러다보니 언제나 로봇산업은 다른 산업에 비해 찬밥 신세가 아니냐, 정말 신성장동력이 맞느냐는 자조적인 소리가 로봇인들로부터 나오기도 했다.

이날 육성전략 보고회 주요 내용은 본지를 비롯한 여러 언론을 통해 보도되었듯, 2023년 로봇산업 글로벌 4대 강국 달성을 위해 제조 로봇산업과 수요산업 동반성장, 4대 서비스 로봇 분야 집중 육성, 로봇산업 생태계 강화 등 3대 정책 과제를 중점 추진하겠다는 것이다.

또한 제조 로봇산업과 수요 산업 동반성장 관련해서는 로봇을 전자 전기, 자동차 분야 중심에서 로봇 활용이 저조한 뿌리산업, 섬유, 식 · 음료와 같이 근로환경이 열악하고 인력부족 해소가 필요한 분야에 제조 로봇 7560대를 선도 보급한다는 계획도 있었다.

서비스 로봇 분야의 집중 육성 관련해서는 돌봄, 의료, 물류, 웨어러블 등 4대 유망 서비스 로봇 분야를 적극 육성하고 내년부터 총 3000억 규모의 연구개발 사업을 추진, 4대 서비스 로봇 분야 기술력을 선진국 수준으로 높이고, 10개 지자체와 협력해 중증장애인 등 사회적 약자를 대상으로 돌봄 로봇 5000대 등 4대 서비스 로봇 1만대를 보급한다는 것이다.

로봇산업 생태계 강화 관련해서는 로봇 제조사와 수요 기업을 연결하는 로봇 시스템 통합 전문기업(SI)을 육성하고, 미국, 일본 등에 의존하고 있는 로봇 핵심 부품과 소프트웨어 자립화 추진을 위해 2020년부터 7년간 1000억을 투자해 차세대 로봇에 필요한 지능형 제어기, 자율주행 센서, 스마트 그리퍼 등 3대 핵심부품과 로봇SW 플랫폼, 잡는 기술, 영상정보 처리, 인간로봇 교감 SW 등 4대 소프트웨어 기술을 확보해나가겠다는 것이다.

정부는 이러한 3대 정책 과제를 차질 없이 추진해 2023년까지 연매출 1000억 이상의 스타 로봇기업 20개를 육성하고 로봇산업을 15조 원 규모로 발전시키겠다는 원대한 목표를 제시했다.

주무 부처인 산업부가 대통령 앞에서 로봇산업 육성 전략을 이렇게 적극적인 의지를 가지고 보고하였으니 필자 역시 로봇인의 한 사람으로서 기대가 크다. 그러나 이러한 목표를 달성하기 위해서는 우리 눈앞에 놓인 현실이 녹록하지 않다. 국민 세금으로 제조 로봇 7560대를 공급하고, 서비스 로봇 분야에 내년부터 총 3000억 규모 R&D 예산을 투입하고 사회적 약자를 위해 1만 대의 서비스 로봇을 보급한다는 목표는 충분히 가능할 수 있다. 또 2020년부터 7년간 1000억을 투자해 로봇 핵심 부품을 국산화한다는 목표 역시 돈만 있으면 가능하다. 그러나 이러한 과제를 추진해 2023년까지 연매출 1000억 이상의 로봇전문 스타기업 20개를 육성한다는 것도 가능할까. 로봇산업을 15조 원으로 발전시키겠다는 목표 역시 정말 가능할까.

본지가 한국로봇산업협회에 가입한 로봇 회원사들의 실적 발표 현황을 분석한 자료에 따르면 현재 국내에서 로봇 매출 1000억 이상을 달성한 기업은 현대로보틱스(현대중공업지주), 삼익THK, 로보스타, 고영테크놀러지, 미래컴퍼니, 스맥 등 6개 기업뿐이다. 이 중 장비업체를 제외하고 실질적인 로봇전문 기업이라고 할 수 있는 기업은 삼익THK와 로보스타 뿐이다. 그런데 앞으로 5년 안에 1000억 이상의 로봇 스타기업 20개를 만들겠다고 한다. 로봇 매출 15조 원 달성이야 통계를 조작하거나 관련 산업 매출을 부풀리면 가능할 수 있다. 그러나 로봇전문 스타기업 20개를 만들겠다는 목표는 지금과 같은 구조에서는 현실적으로 불가능하다는 것이 필자 생각이다.

로봇산업을 육성하고 로봇전문 스타기업을 만들기 위해서는 무엇보다 정부의 강력한 의지가 필요하다. 우선은 기업들의 현장 애로사항을 적극적으로 해결해주어야 한다. 관련 규제를 없애고 기업들이 로봇을 도입할 수 있는 환경을 만들어주고 관련 핵심 부품 국산화를 적극 추진해야 한다. 국산화된 핵심 로봇 부품을 로봇 제조기업들이 반강제적으로라도 어느 정도 이상은 무조건 적용할 수 있도록 해주어야 한다. 물론 지금과 같은 글로벌 시대에 쉬운 일은 아니겠지만 정부의 의지만 있다면 전혀 불가능한 일도 아니다. 중국 로봇 업체들이 적극적인 정부 지원에 힘입어 로봇 굴기에 나서고 있는 상황을 우리도 참고할 필요가 있어보인다.

중소기업들의 인력 문제도 해결해야 한다. 소프트웨어 등 인력 양성뿐만 아니라 로봇 기업들의 R&D 현황을 감안한 주 52시간 탄력근무제 기간 확대 등의 정책적인 지원도 필요하다. 특정 분야에서 전문성을 가지고 있고 중장기적으로 성장 가능성이 높은 로봇기업들을 선별해 정부가 특별 지원할 수 있는 정책도 필요하다.

또 주요 로봇 부품이나 제어기 같은 필수 주변기기는 정부가 표준화 제품을 만들어 기업들이 공통으로 적용할 수 있도록 해 원가도 낮추고 기업의 경쟁력도 키울 수 있도록 해야 한다. 몇천억의 R&D 예산도 연구기관 실적을 만들어주기 위한 것이 아닌 로봇기업이 반드시 과제에 함께 참가해 상용화가 가능하도록 하는 실질적인 연구 개발이어야 한다.

이러한 정책들이 정부의 전폭적인 지원 하에 이루어지지 않는다면 로봇 매출 15조 원, 20개 로봇 스타기업 탄생은 또 하나의 공염불에 그칠 수도 있다.

그리고 무엇보다 로봇인들의 사기진작도 필요하다. 기업이 신명나게 일할 수 있는 분위기 조성도 정부가 할 일이다. 이러한 문제들이 해소된다면 정부의 로봇산업 육성전략 발표는 5년 후 성공적인 모범 사례가 될 수도 있을 것이다. 정책 당국의 변화와 강력한 의지, 끝없는 노력을 기대해본다.

부품 공용화 통해 국내 로봇산업 경쟁력 확보해야_2019. 1. 28

현재 산업용 로봇 시장에서 가장 핫한 이슈는 협동 로봇이다. 일본 야노경제연구소에서 발표한 '협동 로봇 시장 현황 및 전망' 자료에 따르면 전 세계 협동 로봇 시장 규모가 2018년 1조 3백억 원에서 오는 2024년이면 8.5배 성장한 8조 7500억 원에 달할 것으로 예상할 만큼 협동 로봇은 산업용 로봇 시장에서 가장 주목받는 제품이다.

잘 알다시피 협동 로봇은 안전펜스를 설치하지 않고도 사람의 옆에서 작업할 수 있어 공간을 절약할 수 있는 데다 설정이나 제어가 용이해 기존 산업 분야를 중심으로 협동 로봇 도입이 확산될 전망이라고 한다. 그런 면에서 사실 협동 로봇은 자본력이 취약한 중소제조업체에 새로운 대안이 될 수도 있다.

현재 협동 로봇의 선두주자는 2008년 설립된 유니버설로봇이다. 2012년 첫 번째 협동로봇인 UR10, UR5를 거쳐 2015년 탁상용 모델인 UR3를 출시했다. 이어서 오므론, 일본 나치, 미국 리씽크로보틱스, 덴마크 카소로봇 등에서 협동로봇을 출시했다.

국내에서도 현대중공업(현대로보틱스)을 비롯해 두산로보틱스, 한화 등 몇 몇 대기업과 뉴로메카 등 중소기업에서 협동 로봇 사업에 진출했거나 진출할 계획이다. 일부 기업에서는 중국산 협동 로봇을 이미 국내에 수입해 판매하기도 한다.

작년 4월부터 경남테크노파크 제조로봇기술센터가 한국전기연구원 등 기관, 경남 지역 산업체와 공동으로 협동 로봇 혁심부품 기술개발 사업을 추진하고 있다. 2018년도 부품소재기술개발사업인 '로봇용 통합구동모듈 기술개발' 사업으로 산업부가 5년간 총사업비로 국비 256억 원을 투입하고 있다. 이 사업에는 총괄기관과 3개의 주관기관에 15개 국내 로봇부품 전문기업과 연구기관이 참여한다. 5년이라는 긴 시간동안 협동 로봇 핵심부품을 공동 개발한다고 하는데 그렇게 오랜 시간이 걸려야 하는지, 또 5년 후에는 이 부품들이 얼마나 국내 협동 로봇에 도움을 줄 수 있을지 의문스럽기만 하다.

얼마 전 새해를 맞아 국내 로봇 부품 기업 대표와 오랜만에 만나 차 한 잔을 나누었다. 이 회사는 적지 않은 돈을 독자적으로 투자해 최근 협동 로봇에 들어가는 핵심 부품을 국산화하였다. 필자는 그동안 부품 수급 문제나 가격적인 측면에서 큰 어려움을 겪고 있던 국내 로봇기업들에게 커다란 힘이 될 것이라고 생각했다. 하지만 그 대표는 국내 시장보다는 해외 시장, 특히 중국 시장에 먼저 주력할 예정이라고 했다. 그 이유가 국내 협동 로봇 기업은 1년에 천 대에서 많아야 몇 천대 수준밖에 판매하지 못하면서 기업마다 부품을 모두 다른 사양으로 요구해 이에 대응하기 어렵다는 것이다. 반면 중국은 구입 수량도 한국보다 몇 배 큰 규모이지만 핵심 부품 공용화로 인해 대량 생산이 가능하다고 하였다.

이러한 상황에서 과연 우리나라가 중국이나 일본, 또는 미국이나 유럽의 강소 로봇기업들과 경쟁할 수 있을지 걱정이다. 중국은 협동 로봇 개발에 많은 로봇기업들이 나서고 있다. 중국 정부도 자국산 로봇산업을 육성하기 위해 국산 부품들을 우선 구매할 수 있도록 로봇기업에 여러 혜택을 주고 있다는 이야기를 들었다.

기존 글로벌 산업용 로봇 시장은 야스카와, 화낙, 쿠카, ABB 등 세계적인 톱클래스 기업들이 오랫동안 장악하고 있어 한국의 산업용 로봇 업체들이 이 시장에 쉽게 공략하기 어려운 구조이다. 이러한 상황에서 협동 로봇은 글로벌 기업과의 기술 격차가 크지 않아 우리 기업들도 얼마든지 글로벌 기업과 경쟁할 수 있는 여건을 갖추었다고 생각한다.

하지만 불행히도 우리는 기존 산업용 로봇뿐만 아니라 협동 로봇에 들어가는 핵심 부품마저도 대부분 일본 등 선진국에서 수입해 사용하고 있다. 그러한 상황에서 시장 규모도 크지 않은 국내 로봇시장에서 우리 기업들 간에도 핵심 부품 규격화, 공용화를 이룩하지 못해 각자 도생한다면 기존 산업용 로봇 시장에서 글로벌 기업에 경쟁력을 잃어 변방으로 밀려났듯 또 다시 협동 로봇 시장에서도 그러한 상황에 직면할 수 있다.

이제라도 정부나 정책당국은 국내 협동 로봇 기업의 경쟁력을 키우기 위해서라도 중요 핵심 부품의 공용화, 규격화를 적극적으로 추진해야 한다. 몇백억 원을 투입해 협동 로봇에 들어가는 핵심 국산 부품을 개발하는 것도 장기적으로 중요하겠지만 부품 공용화, 규격화를 통한 로봇의 품질 경쟁력, 가격 경쟁력을 단기간에 확보하는 것도 국내 로봇산업을 육성시키는 데 중요한 일임을 잊지 않았으면 좋겠다.

일본처럼 패러다임을 바꾸자_2016. 2. 28

얼마 전 본지에서는 일본 경제산업성이 국민들을 상대로 로봇이 '이런 일을 할 수 있으면 좋겠다'는 아이디어를 모집한다는 기사를 소개한 적이 있다. 일본 정부가 백화점 · 미용실 · 여관 · 식당 등의 서비스 분야에서 로봇 활용 아이디어를 모집하는 '모두의 로봇 프로젝트'를 시작한다는 것이었다.

일본 정부는 현재 서비스 분야 등의 로봇 미활용 공간에서 로봇 도입 실증을 보조하는 '로봇 도입 실증사업'을 진행하고 있을 뿐만 아니라, '로봇신전략'을 지난해부터 추진하고 있다. 이번에는 새롭게 로봇의 활용 아이디어를 서비스를 제공하는 사업자뿐만 아니라 일반 사용자인 국민으로부터 모집하는 것이다.

그리하여 '세계 최고의 로봇 활용 사회'를 목표로 로봇이 이러한 것은 실현할 수 있을 것이라거나, 이러한 서비스 로봇을 만들면 나도 갖고 싶다는 생각이 드는 기획을 모집 중이다. 많은 평가를 받은 아이디어는 실현을 위해 기업 등과의 매칭도 도모할 계획이라고 한다.

우리나라도 매년 로봇업계에서 크게 관심을 기울이는 로봇 보급사업을 비롯해 여러 과제들에 대한 공모를 하고 있다. 이를 위해 로봇 아이디어 활용사업이나 부처주도형 사업 등 나름대로 로봇을 좀 더 보급하기 위해 정부나 한국로봇산업진흥원이 나름 노력을 하고 있다.

그러나 일본 정부처럼 국민을 상대로 한 로봇 활용 아이디어 모집은 아직 하고 있지 않다. 특히 특정 서비스 분야를 지정해 그들이 로봇을 가장 필요로 하고 아쉬워하는 부분이 어디인지를 파악하려고 하는 노력은 조금 소홀한 것이 아닌가하는 아쉬움이 있다.

매년 특정 서비스 분야를 정해 업종과 분야를 돌아가면서 우리도 그 분야에서 가장 아쉽고 필요한 로봇들이 무엇인지를 파악해 정부가 발 벗고 나서 기업과 함께 그 기술을 구현하고 검증해 가는 것은 어떨까. 그래서 실제 그 로봇 기술을 목말라하는 사용처에 제공하고, 여기에 정부가 정책적 지원까지 한다면 지금보다도 더 빨리 그리고 더 많이 우리 생활 속에 공존하고 있는 서비스 로봇들을 볼 수 있을 것이다.

정부는 로봇산업 육성을 위해 1조 원 이상을 투입했다고 항상 볼멘

소리를 한다. 필자가 실제 조사해 보니 2002년부터 올해까지 15년 동안 정부가 1조 5300억 이상을 로봇산업에 투자한 것으로 파악되었다. 적지 않은 예산이 투입된 만큼 정부만 뭐라 할 수도 없다. 필자 역시 로봇 시장이 생각만큼 빨리 열리지 않아 답답한 마음이 들 때가 많이 있다. 그렇다면 이제 우리도 패러다임을 한번 바꾸어 보아야 하지 않을까.

일본처럼 매년 분야나 업종을 정해 실제 소비자와의 사전 시장 조사를 통해 그들이 가장 필요로 하고 아쉬워하는 로봇 분야가 어디인지를 알아보고 가장 시급한 그 기술을 정부가 과제를 통해 기업들과 개발하고 검증을 통해 사업화까지 지원한다면 지금보다 더 많은 로봇들이 우리 삶의 현장에 도입되지 않을까.

남의 나라 정책을 따라가는 것이 좋지 않아 보일 수도 있다. 그러나 좋은 아이디어가 있다면 과감히 도입해 추진하는 것도 필요하다고 본다. 우리 생활 속에 더 많은 로봇이 파고들어 이를 사용하는 사람들이 자꾸 늘어나야만 진정한 로봇 공존 시대도 오고, 로봇 문화도 확산되고, 세계 최고의 로봇 활용 국가로의 도약이라는 정부 목표도 빨리 달성할 수 있을 것이다. 이제 패러다임을 바꾸어 보자.

선도 연구로 로봇산업 '캐즘' 극복해야_2015. 9. 30

2013년 6월 창간한 이래 본지는 매년 9월 다음 해 정부의 로봇 예산 규모와 내용을 3년째 단독으로 입수하여 보도한다. 얼마 전에도 본지는 '2016년도 산업부 기계로봇과 로봇 예산 정부안'을 입수해 단독으로 보도해 많은 독자 여러분들의 관심을 끌었다.

내용을 요약해보면 1480억 9900만 원이 정부가 국회에 제출한 우리나라의 내년도 로봇 예산안 규모이다. 산업부 전체 예산안이 전년에 비해 6.9% 큰 폭으로 감소하였으나 다행히 로봇 예산안은 정부, 로봇산업진흥원 등 관계자들의 노력 덕분에 전년보다 전체 규모는 123억 8600만 원 감소하였으나 실제 세부 부문별로 보면 내용 면에서는 더 나아진 것으로 보인다.

로봇산업이 국가의 신성장동력으로 지정되어 정부의 지원이 이루어진 지도 벌써 15년의 시간이 지났고, 그 사이 1조 3~4천억의 막대한 정부 예산이 로봇산업 육성을 위해 투입되었다. 그래서인지 우리나라는 지금 세계 4대 로봇 강국이 되어있다. 그러나 불행하게도 거기까지다. 국내 로봇 시장 규모는 2011년 2조 2천억을 달성하면서 처음 2조 원대 진입 이후 2014년까지 4년째 2조 원대에 머물러 있다. 올해에도 3조 원대 진입은 어려울 것이라는 게 업계 종사자들의 중론이다. 그렇다면 2조 원의 늪에 5년째 머무르고 있는 것이다.

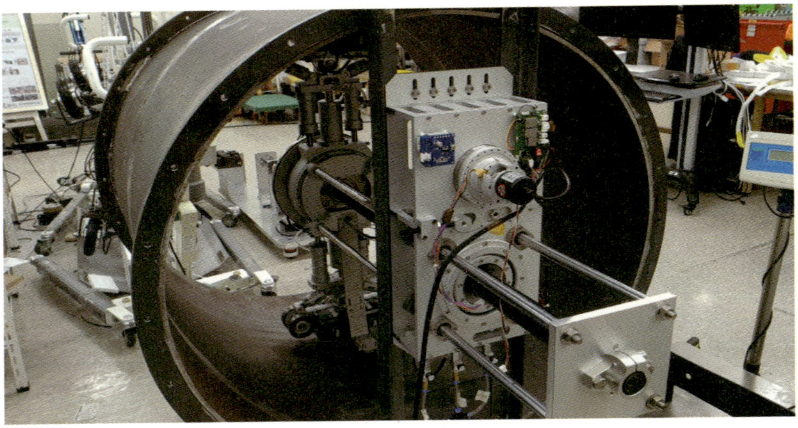

국내 로봇연구기관의 제품 개발 모습

2조 원대에 머물러 있는 지난 5년 사이에도 정부의 로봇산업 지원은 규모의 차이는 있을지 몰라도 계속 이어져 왔다. 그렇다면 왜 우리는 2조 원이라는 캐즘Chasm 현상을 벗어나지 못하는 것일까. 여러 가지 이유가 있겠지만 필자는 그 중의 한 가지 이유가 우리가 흔히 로봇 선진국이라고 하는 미국, 일본의 추종연구 때문이라고 생각한다. 물론 우리나라가 살기 어려웠던 후진국 시절에는 잘 사는 선진국들의 기술을 배우기 위해 추종연구를 할 수밖에 없었다. 그리고 어느 시간까지는 그러한 방법으로 많은 성과를 낸 적도 있다. 로봇산업도 마찬가지다. 로봇이라는 개념도 생소하던 시절에는 미국, 일본의 선진 로봇 기술을 따라잡기 위해 부단히 노력하던 시절이 있었다. 외국에 나가 공부하면서 하나하나 기술을 습득한 덕분인지 어느 분야에서는 우리 로봇 기술도 이제는 선진국과 대등한 관계에 올라와 있다. 하지만 아직도 제조업과 국방, 항공우주 같은 대다수 전문

서비스 로봇 분야에서 우리나라는 선진국들과 현격한 기술 격차를 가지고 있다.

첨단기술 관련해서는 아직도 선진국과의 기술 격차 이야기가 심심찮게 들려오고, 그럴 때마다 우리는 몇 년의 기술 격차를 해결하기 위해서는 몇 년간 얼마의 자금이 투입되어야 한다고 말한다. 그렇다면 선진국들은 우리가 기술 격차를 줄이도록 그냥 놔두고 본다는 것인가.

이제는 추종 연구가 아닌 선도 연구로 연구 패러다임을 전환해야 한다. 2조 원대에 머물러 있는 국내 로봇산업이 지금처럼 발전하지 못하고 마치 깊은 수렁에 빠진 것처럼 심각한 정체상태에서 벗어나려면 세계 최초의 선도전략을 구사해야 한다.

현재 우리나라의 연구개발 시스템과 평가 시스템을 가지고는 절대로 선도 연구를 할 수 없다. 선도 연구란 아무도 경험해보지 않은 길일 수도 있다. 그러려면 로봇 연구자, 개발자들이 지금보다 더 창의적이고 혁신적이어야 한다. 정부도 선도 연구를 할 수 있는 풍토를 만들고 틀을 바꿔야 한다. 문제 정의 방법, 연구 과제 도출 틀도 바꾸고 연구 과제 평가 방식과 연구 결과를 사업화하는 방식도 바꿔야 한다.

선진국들만 따라가는 추종 연구로서는 우리나라 로봇산업의 미래는 없다. 선도 연구를 통해 확보한 원천기술만이 미국, 일본 같은 로봇 선진국들을 따라잡는 길이다. 선도 연구가 주류가 되어 국내 로봇산업도 도약하고 세계 로봇산업도 이끌 수 있기를 기대해 본다.

개방하는 기업이 성공한다_2015. 1. 30

얼마 전 미국 디트로이트에서는 자동차와 관련된 'Automotive News World Congress'라는 국제회의가 개최되었다. 이 회의에서 아이비엠[IBM]의 사업가치연구소가 '2025년 세계 자동차 산업 연구(Automotive 2025 Global Study)'라는 주제로 연구발표를 하였는데, 의미 있는 결과가 나왔다.

2025년까지 자동차가 더 발전된 기술로 진화되겠지만, 일부가 생각하듯이 완전한 자율주행자동차 또는 완전한 자동운전은 일반적으로 되지 않으리라고 예상하였다는 것이다. 자동차 협력 업체, 자동차 회사, 사회 지도자 등 175명의 사람들과의 면담을 통해 밝혀진 이 연구 결과는 대부분의 사람들이 인간 운전자 없이 차량이 운전 조건으로 통합되는 완전한 자율주행 차량에 대하여 상당한 의구심을 나타냈으며, 단지 8퍼센트의 응답자만이 완전한 자율주행 차량이 일반화될 것이라고 보았다고 한다.

최근 치열하게 자율주행자동차 개발 경쟁을 벌이고 있는 글로벌 자동차 메이커들의 행보를 생각하면 조금은 의아한 일이다. 하지만 가격에 민감한 대다수 소비자들에게 값비싼 자율주행자동차는 그림의 떡일지도 모를 일이라는 생각을 하면 이해가 전혀 가지 않는 것도 아니다.

그런데 이러한 사실도 놀랍지만 우리 로봇산업계 종사자가 새겨들어야 할 더 중요한 내용이 있다. 그것은 설문 응답자의 73%가 2025년을 향해 자동차 산업이 성장하기 위한 최선의 방법으로 다른 산업과의 협력을 강조하였다는 것이다. 그리고 75%는 비전통적인 산업과의 제휴가 2025년까지 자동차 생태계에서 중요한 역할을 할 것으로 전망하였다는 사실이다.

아이비엠의 한 관계자는 2025년을 전망할 때 산업 간 경계가 허물어지면서 새로운 생태계가 이전에 결코 직면한 적이 없는 도전과 기회를 만들 것이고, 개방성을 환영하는 기업이 장기간의 성공과 산업적 선도를 위한 장을 마련할 것이라고 말했다고 한다.

최근 필자가 신년 특집 때문에 로봇 분야에 계신 젊은 리더 분들과 만나 인터뷰를 하다 보면 협력과 개방을 이야기하는 분들이 많이 있었다. 아직 국내 로봇 시장이 작으니까 필요한 분야에서 서로 협력을 해서 파이를 키우자는 이야기도 있었고, 로봇 자체에 대한 시장보다는 로봇 기술이 전 산업에 영향을 미치면서 가져오는 파급 효과를 이야기하는 분도 있었다.

자동차 산업처럼 커다란 규모의 산업에서도 성장하기 위한 최선의 방법으로 다른 산업과의 협력과 제휴를 이야기하고 있는데 우리 로봇산업의 현실은 어떨까. 우리 로봇산업계는 자동차 산업과 비교하면 몇십 분의 일밖에 되지 않을 만큼 시장 규모도 아직 크지 않은데 너무 우리 로봇 기술, 제품만 강조하고 있는 것은 아닐까, 다른 산업과의 융합을 통해 더 많은 산업에 아직도 로봇과 로봇 기술이 적용할 분야가 많은데 우리가 너무 우리 것만 주장하면서 경계를 만들어

놓은 것은 아닐까하는 생각을 갖게 된다.

아직도 늦지 않았다. 로봇산업계 종사자들도 로봇산업을 성장시키기 위한 최선의 방법으로 로봇산업 내부뿐만 아니라 타 산업과의 협력과 개방을 위해 노력해보는 것은 어떨까. 개방에 적극적인 기업만이 성공을 가져올 수 있다는 말을 다시 한번 되새겨 보았으면 좋겠다.

로봇산업 발전을 위한 몇 가지 苦言_2014. 11. 9

최근 필자는 몇 개의 행사를 다니면서 국내외 로봇전문가를 여럿 만날 수 있었다. 그들에게 우리나라 로봇기술에 대해 물어보면 한결같이 선진국과 경쟁할 만큼 상당히 앞서 있다는 말을 많이 한다. 그러면서도 우리나라 로봇산업이 더 큰 도약을 하기 위해서 넘어야 할 몇 가지 조언도 잊지 않는다.

위험한 환경에서 사람을 대신해 작업하고 있는 로봇의 모습

전문가A는 로봇을 만드는 사람과 사용하는 사람의 니즈Needs가 너무 달라서 로봇을 만들어놓아도 쓸모가 없다며 개발 단계에서부터

고객을 참여시키자는 이야기를 한다. 고객만족을 넘어 이제는 고객감동이라는 마케팅 개념이 등장한지가 언제인데 아직도 로봇업계에서는 개발자나 공급자가 왕(王)인 시대가 계속되고 있는지 모르겠다는 것이다.

전문가B는 한국의 로봇기술은 해외에서도 우수하다고 인정해주는데 아직도 모터나 드라이브 같은 기초기술에서는 선진국에 종속되어 주요부품을 수입에 의존하고 있는 것에 대해 안타까워하며 부품 등의 국산화에 더 많은 투자가 필요함을 지적하고 있다. 물론 정부도 시장창출형 로봇보급사업으로 로봇부품분야를 지원해 해외 의존도가 높은 액추에이터, 센서, 제어기 등의 로봇핵심부품을 국산화하기 위해 노력하고 있으나 아직도 갈 길이 멀어 보인다.

전문가C는 로봇개발 단계에서 개발된 기술이 B2B를 타깃으로 하는지, B2C를 타깃으로 하는지 모호하기 때문에 제품에 대한 성공 가능성이 낮다고 지적한다. 개발 단계에서 정확한 제품 콘셉트와 목표시장을 설정하는 일은 가장 기본이 되는 일이다. 개발자뿐만 아니라 시장을 예견하고 기획할 수 있는 마케팅 전문가도 초기 단계부터 합류시켜보는 것은 어떨까.

또 전문가D는 로봇 관련 좋은 기술이나 아이디어가 있으면 지역이나 기업을 벗어나 서로 공유했으면 좋겠다고 이야기한다. 예를 들면 조선소나 제철소에서 사용하는 전문서비스 로봇은 모두 특정 회사가 개발해서 그 회사만 사용을 하고 있다. 같은 업종의 또 다른 회사가 그 로봇이 필요하면 처음부터 다시 많은 시간과 비용, 인력을 투입해 개발해야 한다. 삼성이나 LG 등 대기업들은 외국의 구글이나 인텔,

마이크로소프트 등과 특허를 서로 공유하는 크로스 라이센스를 활용한다. 국내 로봇 기업들도 서로에게 도움이 되게 이러한 크로스 라이센스를 체결하면 어떨까. 우리의 경쟁상대는 국내 기업이 아니라 해외의 빅 플레이어라는 것을 잊지 말자.

전문가E는 대기업들이 미래를 보고 로봇산업에 뛰어들지 않으니 정부 주도로 커뮤니티나 공용 플랫폼을 만드는 생태계 조성을 인위적으로라도 해야 우리나라 로봇산업이 더 성공할 가능성이 높다고 한다. 정부는 지난 10년간 1조 원이 넘는 큰 자금을 로봇산업에 투자했다고만 말할게 아니라, 국내 로봇산업 발전과 해외 경쟁국과의 경쟁우위를 지속하기 위해서는 앞으로도 로봇산업을 믿고 더 과감하게 투자하는 결단이 필요한 시점이다.

전문가F는 중국은 제조 분야가 매우 넓어 SI(시스템 통합)쪽으로 해야 할 작업이 굉장히 많기 때문에 한국의 앞선 IT기술을 이용해 한국의 로봇 기업들이 중국에 와서 사업을 하면 좋을 것 같다는 이야기를 한다. 이 뿐만 아니라 국내 중소제조 업체에서도 로봇을 막상 도입하려고 보니 하드웨어인 로봇보다 SI부분에서 많은 어려움이 있었다고 이야기하며, 로봇기업이 이 분야에도 적극적인 투자를 해달라고 요청하기도 했다. 로봇기업들은 하드웨어뿐만 아니라 관련 애플리케이션이나 SI부분에도 분명 비즈니스 기회가 있음을 인지하고 더욱 노력하는 자세가 필요해보인다.

전문가G는 모든 로봇 분야를 우리가 다 하려고 하지 말고 우리가 잘 할 수 있는 분야, 가장 경쟁력을 가질 수 있는 분야만 집중해서 개발하면 선진국보다도 어느 분야에서만큼은 더 우리가 앞서가지 않을까하고 이야기한다. 필자도 이전에 본지 칼럼에서 경쟁우위 전략을 설명하며 '선택과 집중'을 이야기한 적이 있다. 경쟁에서 우위를 점하기 위해서는 자금이나 인력 같은 한정된 자원을 여러 분야에 분산하기보다는 잘할 수 있는 곳에 집중하는 것도 좋은 방법이라고 생각한다.

고사성어 중에 '양약은 고구이나 이어병良藥苦口利於病이요, 충언은 역이이나 이어행忠言逆耳利於行이라'는 말이 있다. 이는 입에 쓴 약은 병을 고치는 데 이롭고, 귀에 거슬리는 말은 행동하는 데 이롭다는 뜻이다.

위에서 이야기한 이런저런 지적들이 정책당국이나 로봇기업 또는 로봇종사자에게는 귀에 거슬리겠지만, 우리가 좀 더 개방된 마음이 된다면 국내 로봇산업이 지금보다 더 발전할 수 있지 않을까 생각해 본다.

로봇산업과 퍼스트 무버_2014. 8. 31

며칠 전 국내 한 로봇기업 대표를 우연한 기회에 오랜만에 만나게 되었다. 외국을 자주 다니는 분이고 최근 미국 실리콘밸리도 다녀왔다고 해 그곳 분위기를 물어 보았다.

지금 실리콘밸리에서는 구글, 인텔, 소프트뱅크 등 세계적인 IT 기업들이 로봇산업에 투자하면서 로봇에 대한 투자도 늘어나고, 로봇기업에 대한 M&A도 활발히 이루어져 로봇에 대한 분위기가 아주 뜨거운 편이라고 현지 분위기를 전했다. 그러면서 요즈음 국내 로봇기업들에 대한 분위기는 어떠냐고 오히려 필자에게 물어왔다.

그 대표는 자신이 귀국해 보니 국내는 아직 실리콘밸리처럼 로봇산업에 대한 뜨거운 열기가 느껴지지 않는다며, 가장 큰 이유를 대기업이 로봇산업에 투자하지 않기 때문이라고 했다. 그러면서 아마도 국내에서는 로봇기업들이 천 억 이상의 매출을 올리면서 성공한 기업들이 하나둘 나타나면 그때서야 대기업이 로봇사업에 관심을 기울일 것이라고 진단했다. 그리고 필자에게 그러한 시기가 오려면 앞으로도 몇 년을 더 기다려야 한다면서, 힘들지만 잘 버텨보라고 위로 아닌 위로를 해주었다.

세상은 빠르게 변화하고, 기술은 우리가 상상할 수 없을 만큼 빠른 속도로 발전해가고 있다. 세계적인 기업들이 모두 로봇사업에 투자해서 기술력을 키우고 앞서가는데, 우리 대기업들은 그저 퍼스트 무버First mover나 패스트 팔로어Fast follower들이 어떻게 움직이는가를 예의주시하고 있다가 그들이 시장을 모두 장악한 다음에야 그때에 로봇사업에 진출할 계획을 가지고 있는 것은 아닌지...

삼성이나 LG, 현대차 같은 대기업 그룹들이 지금부터 로봇산업에 많은 투자를 한다 해도 퍼스트 무버나 패스트 팔로어가 되기 쉽지 않을 만큼 세계 로봇산업에 대한 경쟁은 이미 치열해지고 있다. 구글이 자체적으로 기술력을 개발해 왔든, 아니면 천문학적인 자본을 투입하여 M&A를 통해 세계 최고의 로봇기업들의 기술력을 확보했든, 그 기업이 가지고 있는 로봇기술력은 아마도 전 세계에서 최고일 것이다. 그런 의미에서 구글이 현재 전 세계 로봇산업에 있어서 퍼스트 무버의 위치에 있음을 누구도 부인할 수 없을 것이다.

칭기즈 칸이 세계를 제패할 수 있었던 것은 그들이 기마부대였기 때문이라고 한다. 빠른 공격은 상대가 전열을 정비할 틈을 주지 않고 먼저 앞서 나간다. 빠른 추격자가 아닌 선도자가 돼야 시장을 지배할 수 있다. 퍼스트 무버인 구글이 전 세계 로봇시장을 선점하여 시장을 지배할 경우 인텔이나 소프트뱅크 같은 패스트 팔로어 대열에도 끼지 못하는 국내 로봇기업들은 단순한 팔로어로서 무엇으로 그들과 경쟁할 수 있을 것인가.

세계 4위의 로봇강국이라는 허울, 국내 로봇시장 규모가 2조 몇 천억이라는 허상에서 벗어나 지금이라도 제대로 된 퍼스트 무버, 패스트 팔로어들을 육성하는 것이 국내 로봇산업 발전을 위해 정부나 관련기관, 기업들이 할 일이 아닐까?

로봇산업 전체에서의 퍼스트 무버나 패스트 팔로어가 되기에 이미 늦었고 현실적으로도 어려운 일이라면, 지금이라도 우리가 경쟁력 있는 틈새시장을 잘 발굴하여 특정 로봇 부문에서라도 우리가 퍼스트 무버가 되어야 한다. 그래서 의미 있는 규모의 대중 시장으로 키워내 시장을 지배할 수 있다면 그것도 우리 로봇기업들이 생존해 나갈 수 있는 좋은 방법이 될 것이라고 생각한다. 지금이라도 그 대열에 동참해 늦지 않았으면 좋겠다.

제6장

자동차의 본질과 로봇의 4가지 본질

로봇 개발의 정석
실사구시(實事求是)
로봇에도 UI, UX가 경쟁력이다
자동차의 본질과 로봇의 4가지 본질
레고에서 배우는 기업 경쟁전략
마케팅 3.0 전략이 절실한 로봇산업

로봇 개발의 정석_2016. 3. 27

국내 서비스 로봇시장 규모는 2014년 말 기준으로 3565억 원으로 전체 로봇시장 2조 8540억에서 12.5%에 불과하며, 73% 이상이 산업용 로봇이 차지하고 있다. 그러나 국내 로봇 시장이 큰 폭으로 성장하기 위해서는 서비스 로봇 시장이 빨리 열려야 한다고 필자는 생각한다. 사람들이 더 많은 로봇을 일상에서 접하고 사용해 보아야 우리가 흔히 말하는 로봇시대가 빨리 도래할 것이다.

지난주 필자는 국내의 서비스 로봇 기업 행사 두 곳에 다녀왔다. 그곳들을 다녀와서 느낀 것은 이제 우리 로봇 기업들도 로봇 개발을 하면서 이른바 '정석'을 밟기 시작했다는 것이다. 로봇을 개발하면서 소비자 입장을 생각하고 소비자가 편하게 사용할 수 있는 편리성을 우선한다는 것이다.

한 로봇기업 사장은 많은 사람들 앞에서 지금까지 자기는 로봇을 로봇하는 사람의 입장에서 만들어왔다고 고백했다. 그러면서 사용자 입장에서 여러 가지 사용성을 고려하지 않고 개발하다보니 사용자들이 얼마나 불편했을지 또 기술적으로 얼마나 미흡했을지 반성하게 된다고 했다. 그러면서 개발자, 사용자 그룹, 사용성 테스트 그룹 등이 한 곳에 모여 개발 협약을 맺어 제품 개발을 시작하고, 사용자들의 일상생활 환경까지 고려해 제품을 개발하게 되니 사용자에게 분명 좋은 제품이 나올 것이라고 희망 섞인 기대를 나타냈다.

또 한 로봇 기업에서는 획일화된 냄비 모양의 기존 디자인들을 본 뒤 그러한 모양을 탈피하는 것에 디자인의 우선순위를 두었다며, 기술과 디자인을 콜라보레이션해서 전체 과정을 협업으로 만들다 보니 새로운 제품이 나오기까지 거의 3년의 시간이 걸렸다고 했다. 제품에 들어가는 부품과 부분품의 위치에 따라 움직이는 로봇을 바라보는 사용자의 입장을 고려해 디자인도 많은 배려가 있었다고 한다. 감성적인 디자인이라고나 할까.

위의 두 가지 사례에서 알 수 있듯이 우리 로봇 기업들도 이제는 제품 개발에 있어서 마케팅의 정석을 따라가고 있는 것 같다. 초기 판매자 시장[Seller's Market]에서는 그저 만들기만 하면 제품이 팔리던 시절이 있었다. 그러나 지금의 구매자 시장[Buyer's Market]에서는 모든 마케팅 요소들을 도입해도 물건이 팔리지 않아 시장에서 도태되는 물건들이 넘쳐난다. 모든 제품 개발에 소비자의 입장, 사용자의 입장을 고려한 제품 개발이나 디자인 요소들이 얼마나 중요한 것인지 잘 알고 있으면서도 막상 이를 실천하는 데는 많은 시간과 비용, 노력이 따라야 한다. 그러한 노력이 병행하지 않으면 언제나 개발자의, 개발자에 의한, 개발자를 위한 현실성 없는 제품만이 나올 뿐이고 이는 곧 시장에서 도태된다는 것을 의미한다. 이는 사용자에게도, 기업에게도 커다란 손실이다.

실사구시(實事求是)_2014. 12. 31

희망찬 을미년 새해가 밝았다.

을미(乙未)는 60간지 중 32번째이다. '을'의 색이 청(靑)이므로 60년 만에 돌아오는 '파란 양의 해'이다. 을미(乙未)는 싹 을(乙)의 봄에 초목이 구부러져 나오는 모양이 위를 향하여 올라가는 뜻과, 나무에 열매가 무성하여 맛이 들었으나 아직 입에는 맛이 들지 않았다는 아닐 미(未)가 합하여 을미(乙未)가 되어 청양(靑羊)이라고 표현한다.

로봇신문은 한 해를 보내고 새로운 해를 맞이하면서 '실사구시(實事求是)'를 새해 화두로 삼고자 한다. 실사구시란 사실에 근거하여 진리나 진상을 탐구하는 일을 말한다. 즉 눈으로 보고 귀로 듣고 손으로 만져보는 것과 같은 실험과 연구를 거쳐 아무도 부정할 수 없는 객관적 사실을 통하여 정확한 판단과 해답을 얻고자 하는 것이 실사구시이다. 근대사 우리나라 실학의 중심 사상이기도 하다.

실학사상의 토대가 된 '실사구시' 운동은 조선 중기, 공리공론(空理空論)만 일삼는 양명학을 배격하여 이뤄졌으며, 주자학의 관념적 세계에서 벗어나 실제의 세계에서 온갖 민생문제와 사회문제를 참다운 이상과 방법으로서 해결하여 다 같이 행복한 생활을 하자는 데 그 뜻이 있었다. 또 이는 한국 실학의 특징인 동시에 이상이었으며 학자들의 공통된 개혁방안이었다고 한다.

지난 10여 년간 정부는 로봇산업을 국가성장 동력산업으로 여기고 1조 3천억이라는 많은 자금을 지원해 왔다. 하지만 그에 비해 국내 시장은 아직도 5년째 2조 시장을 벗어나지 못하고 있다. 구글, 인텔, 소프트뱅크, 마이크로소프트, 아마존 등 글로벌 IT기업들이 미래 로봇산업을 보고 과감한 투자와 개발을 하고 있지만 아직 국내에는 이렇다 할 대기업들이 시장에 뛰어들지 않고 있다. 그리고 로봇시대가 열리고 많은 로봇들이 우리 곁으로 다가와 인간 로봇 공존시대가 되었다고 하지만, 아직 일반인들이 느끼는 로봇에 대한 개념은 영화나 공상과학소설에 나오는 만능기계에 가깝다.

실제 우리가 일상생활에서 접할 수 있는 로봇은 청소 로봇, 교육용 로봇 그리고 일부 서비스 로봇, 완구 로봇뿐이다. 생산 현장에서 적용되고 있는 로봇은 산업용으로 일반인들의 생활에 피부로 와 닿지 않는다. 지금까지 천문학적인 자금을 투자해 10여 년 전부터 로봇산업에 대한 지원을 하였지만 아직 이렇다 할 로봇은 없다.

이제는 연구기관이나 기업도 국민들이 실제 생활에 접목해 쓸 수 있는 실생활에 필요한 로봇을 개발하고 만들어야 한다. 연구만을 위한 로봇기술, 정부 과제만을 수행하기 위한 로봇기술 개발은 이제 사라져야 한다. 시장에서 쓸 수 없는 기술, 시장에서 필요로 하지 않는 기술, 인간의 삶을 윤택하게 하는 데 사용할 수 없는 기술은 이제 기술이 아니다. 그동안 많은 로봇 기술들이 개발되어 왔다. 이제는 새로운 기술을 개발하는 데에만 모든 것을 쏟아부을 것이 아니라 개발된 기술들을 융합하고 엮어서 우리에게 필요한 로봇을 만들어야 한다. 로봇이 그저 공상과학 영화에나 나오는 존재로 사람들 머릿속에 기억되는 한 국내 로봇시장은 빨리 열리지 않을 것이다.

후쿠시마 원전사태 이후 일본의 연구소나 학교, 기업들이 지금까지 R&D에만 머물고 실제 생활에 유용한 로봇을 개발하지 못한 것을 크게 후회하고 난 뒤 인간을 위한 로봇, 인간 생활에 유용한 로봇을 만드는 데 산학연이 노력하고 일본 정부가 '로봇혁명실현회의'를 추진하고 있듯이, 우리도 더 늦기 전에 사람에게 필요한 로봇을 개발하는 데 앞으로 더욱 노력해야 할 것이다.

고령화에 대비한 로봇, 재난구조를 위한 로봇, 아니면 인간의 삶을 윤택하게 하는 로봇들을 개발하기 위해서라면 경연대회 형태든 공모 형태든 중요하지 않다. 정해진 기본 규격을 통과하면 모두 인증을 해주어 시장에 빨리 보급되게 하여 실제 사용자들이 로봇을 접하고 사용하고 느끼게 해야만 실질적인 로봇시장이 창출되고 그것이 곧 국내 로봇시장이 성장하는 길이 될 것이다.

로봇 기술 개발에 대한 투자와 노력도 게을리하면 안 되겠지만, 실사구시 정신으로 사람들의 생활에 유용한 로봇을 만들어 시장을 창출하는 데에도 더 많은 노력을 기울여야 한다. 이제는 실사구시를 기반으로 한 로봇만이 우리 로봇업계가 살아남는 길이다.

로봇에도 UI, UX가 경쟁력이다_2014. 6. 8

수요가 공급을 따라가지 못하던 산업사회 초기부터 20세기 중반까지는 기업이 물건을 만들면 그냥 팔렸다. 품질이나 디자인 같은 요소들을 따지기보다는 그저 시장에 물건을 공급하는 사람이 시장을 주도하는 판매자 시장Seller's Market이었던 것이다. 이 시기에는 당연히 제품에 모든 초점이 맞추어져 있었다. 그러나 산업이 발달하고 대량생산이 이루어짐에 따라, 제품에 대한 선택의 폭이 넓어지고 경쟁의 개념이 도입되면서 소비자가 시장을 주도하는 구매자 시장Buyer's Market이 되었다. 이 시기에는 고객과 고객만족이라는 부분에 초점이 맞추어지게 되었다. 우리가 흔히 말하는 마케팅이라는 개념은 여기에서부터 생겨나기 시작했다는 것이 일반적인 견해이다.

그 시절을 거쳐 컴퓨터가 일반화되기 시작하면서 기계와 인간의 인터페이스, 즉 HMIHuman-Machine Interface가 중요한 화두가 되었다. 1984년 1월에 세상에 처음 등장한 애플의 매킨토시 컴퓨터는 컴퓨터에 대한 전문 지식이 없는 사람들도 손쉽게 사용할 수 있도록 인간-기계 인터페이스를 중시한 설계로 제작되어 당시 많은 사람들을 놀라게 했다. 그때만 해도 IBM 계열의 다른 컴퓨터들은 도스DOS로 명령어를 입력하여 컴퓨터를 구동시키고 있었는데 반해 아이콘, 메뉴, 마우스 등으로 이루어진 매킨토시의 GUIGraphic-User Interface 시스템은 컴퓨터의 사용을 확실히 편리하게 해주었다. 이후 마이크로소프트 역시 윈도우 버전을 계속 업그레이드하면서 아이콘으로 컴퓨터를 작동하는 시대를 만들었다.

그러한 흐름 속에서 나타난 애플의 아이폰은 사용자 인터페이스UI : User Interface와 사용자 경험UX : User eXperience의 소중함을 온 세상에 다시 한번 일깨워준 혁명적 사건이었다. 스마트폰으로 대변되는 스티브 잡스의 혁신적인 디자인은 인간의 삶을 변화시켰으며, 역사상 가장 짧은 시간에 가장 큰 진보를 이루어낸 사건이라고 볼 수 있다. 이제 UI나 UX라는 개념은 모든 산업의 제품이나 서비스에서 중요한 요소가 되었다. 우리 로봇업계도 이러한 거대 흐름에서 예외일 수는 없다.

흔히 UX와 UI를 혼동하기도 하는데, UI가 사람과 시스템의 접점, 또는 채널을 의미한다면, UX는 사용자가 제품과 서비스, 회사와 상호작용을 하면서 가지게 되는 전체적인 느낌이나 경험을 말한다. 즉 UI의 기본 평가항목은 사용성 · 접근성 및 편의성인 반면, UX는 이러한 UI를 통해 사용자가 느끼는 만족이나 감정을 의미한다고 볼 수 있다. UX는 제품에 대한 총체적 경험이고 UI는 그것을 기술과 연결시켜주는 매개체라고 볼 수 있다.

애플에서 UX를 설계한 도널드 노먼Donald Norman은 《감성 디자인Emotional Design》 이라는 저서에서 기존의 UI 개념으로는 설명하기 어려운 것들이 있었기 때문에 의미를 확장해야 할 필요를 느꼈고, 그때 발견한 단어가 '경험'이라고 밝히고 있다.

최근 연구결과를 보면, 기존 UI에서 가장 중요하게 다루었던 것은 사용자가 어떻게 잘 사용할 수 있을까라는 사용성usability이었으나,

디지털 기술의 급속한 발전과 스마트 혁명으로 지금은 사용성만이 아닌 재미나 미적인 요소, 감성적인 요인도 매우 중요한 부분으로 점점 더 부각되고 있다고 한다.

지난주에 열린 본지 창간 1주년 기념 특별좌담회에서 들었던 한 중소기업 대표의 말이 기억에 남는다. 세계에서 글로벌 기업들과 상대하다 보면 우리의 기술력은 최고이며 그들에게 뒤처지지 않는데도 경쟁에서 지는 경우가 있는데, 그 원인을 분석해보면 사용자 편리성에서 경쟁사 제품이 월등히 우수하다고 한다. 우리 엔지니어들이 상상할 수 없을 만큼 기발한 아이디어들이 제품 속에 녹아 있다는 것이다. 하드웨어적인 기술력에서의 차별화가 크지 않은 현재와 같은 경쟁 하에서는 이제 소프트웨어적인 요소가 더 중요하다는 것이다. 그분의 지적대로 이러한 부분은 소프트웨어 엔지니어 혼자서 해결할 수 있는 부분은 아니다.

디자이너와 소프트웨어, 하드웨어 엔지니어 그리고 철학과 인문학, 때로는 엔터테인먼트 등 융합적인 사고를 가진 사람들이 함께 모여 제품이나 서비스에 새로운 가치를 만드는 데 적극적이어야 한다. 필요하다면 그런 교육 프로그램을 개발하고, 그러한 디자인을 할 수 있도록 디자인진흥원과 협력을 할 수 있게 기업을 연결해 주는 것도 정부나 로봇관련 협회와 단체에서 해야 할 일이라고 본다. 그래야만 우리 로봇산업도 세계를 무대로 더 발전해나갈 수 있지 않을까...

자동차의 본질과 로봇의 4가지 본질_2014. 5. 25

최근 한 자동차 회사의 광고 카피가 사람들의 주목을 받고 있다. 그 카피에서는 미국의 세계적인 사진작가 로드니 스미스가 촬영한 사진을 이용해 자동차의 본질을 Run, Turn, Stop, Protect라는 4가지 단어로 아주 쉽게 설명하고 있다. 자동차가 갖추어야 할 본질로 잘 달리고, 잘 돌고, 잘 서고, 탑승자를 안전하게 보호해야 한다는 4가지 기본을 이야기하고 있는 것이다.

미래 컨셉 자동차 이미지

이 광고 카피를 보고 필자는 그럼 로봇에 대한 본질은 무엇일까 생각해보았다. 그리고 위에 열거한 자동차의 본질에 빗대어 로봇의 본질을 다음과 같이 4가지로 정리해보았다.

첫째는 Run이다. 최근 모빌리티mobility라는 용어가 로봇에서도 기본이 되고 있다. 움직이지 못하는 로봇은 이제 로봇이 아니라고 할 만큼 최근 이동성은 로봇에게 있어 중요한 본질이 되었다. 휴머노이드의 2족 보행 형태이든 동물의 4족 보행 형태이든 아니면 무한궤도나 바퀴를 이용하든 로봇의 첫 번째 본질은 움직일 수 있어야 한다는 것이다. 물론 움직이지 않는 로봇이 없는 것은 아니지만 이동이 가능한 로봇이야말로 인간을 위해 많은 일을 할 수 있어 점차 활용도가 높아질 것이라 생각한다.

둘째는 Intelligent이다. 지능이 없는 더미 로봇Dummy Robot은 이제 더 이상 로봇이 아닌 단순한 장난감에 불과하다. 하기는 최근에는 웬만한 장난감에도 반도체 칩이 들어있어 어느 정도의 지능은 갖고 있기는 하다. 센서에 의한 시각이나 촉각, 음성인식 장치 등을 통해 상황을 파악하고, 그 정보를 기초로 하여 스스로 판단하기 위해서 지능은 로봇을 움직이는 핵심 본질이다. 기술의 발달로 갈수록 지능형 로봇이 발전하고 또 각광받는 이유이다. 앞으로 20~30년 후면 인공지능의 발달로 로봇의 지능과 인간의 지능이 같아지는 시기가 도래한다고 한다. 그때쯤이면 프랑스의 철학자 르네 데카르트처럼 "나는 생각한다, 고로 존재한다"라고 말하는 로봇 철학자가 탄생하는 것은 아닐까.

셋째는 Stop이다. 자율주행의 개념으로 움직이든 아니면 조종기를 통해 움직이든 로봇은 인간이 필요에 의해 조종당하고 필요하다면 언제든 그 기능을 멈출 수 있어야 한다. 그리고 때로는 로봇 스스로가 주변의 상황을 인지하여 인간에게 해가 될 것 같으면 작업을 스스로 멈추어야 한다. 최근 등장한 인간협업형 로봇 중에는 작업 도중 인간과 부딪히는 사고가 발생할 경우 미리 로봇이 이를 감지하여 속도를 멈추거나 심지어는 팔에 있는 작업공구를 떨어뜨리기도 한다고 한다. 미국 리씽크 로보틱스가 개발한 조립용 로봇인 백스터의 경우도 작업 중인 로봇을 방해하면 로봇이 정지하거나, 최악의 경우에도 아주 부드럽게 부딪쳐서 작업자에게 타박상을 입히지 않는다고 한다. 앞에서 이야기한 두 번째 본질인 인텔리전트와도 깊은 관계가 있다.

마지막은 Protect이다. 로봇은 인간을 위해 존재해야 한다. 인간을 보호하지 않고 오히려 인간을 해하려는 킬러 로봇 개발은 로봇의 본질을 망각한 일이라고 본다. 최근 보도를 보면 터미네이터처럼 사람을 해치는 로봇들에 대한 규제 여부에 대한 찬반 논의를 유엔 차원에서 오는 11월 진행할 예정이라고 한다. 아이작 아시모프의 로봇의 제1원칙에도 '로봇은 인간에게 해를 끼쳐서는 안 되며 인간이 위험에 처했을 경우 구조해야 한다'라고 되어 있다. 인간을 보호해야 한다는 이 네 번째 본질은 위에서 열거한 세 가지 본질보다도 가장 중요한 요소라고 생각한다.

지금까지 로봇이 갖추어야 할 본질로서 이동이 가능해야 하고, 생각하고 판단할 지능이 있어야 하며, 필요에 따라 인간이 그 기능이나 작동을 멈출 수 있어야 하고, 인간을 안전하게 보호해야 한다는 4가지로 정리해보았다.

6월에는 정부에서 제2차 지능형 로봇 기본계획을 공식 발표할 예정이라고 한다. 이 지능형 로봇 기본계획에도 위에서 이야기한 로봇의 4가지 본질들이 기본적으로 반영되었으면 하는 바람이다.

레고에서 배우는 기업 경쟁전략_2013. 8. 18

우리 인생에는 기복이 있기 마련이다. 하물며 치열한 글로벌 경쟁시대에 살아남아야 하는 기업들은 오죽할까?

지금으로부터 80여년 전인 1932년에 덴마크의 목수 올레 키르크 크리스티안센Ole Kirk Kristiansen은 빌룬트에 있는 목공소에서 나무 장난감을 만들기 시작했다. 1934년 이 장난감에 붙인 이름이 '레고Lego'다. 레고는 덴마크어 '레그 고트leg godt'를 줄인 말로 '잘 논다play well'는 뜻이라고 한다. 이것이 조립식 블록완구의 대명사 레고 그룹이 탄생한 창업 스토리다.

레고 그룹은 지금은 바비 인형으로 유명한 마텔Mattel에 이어 세계 2위의 완구 회사로 성장하였지만, 한때 파산 위기에까지 몰릴 만큼 어려운 시절이 있었다.

창업 후 수십 년간 레고는 전후 호황과 베이비붐 세대를 맞으며 생산이 판매를 따라가지 못할 정도로 탄탄하게 성장하였다. 그러나 1970~80년대까지 황금기를 누리며 승승장구하던 레고는 소니의 '플레이스테이션'과 마이크로소프트의 'X박스' 등과 같은 비디오 게임이 널리 확산되고, 출산율 저하와 중국산 저가 장난감의 공세로 인해 1990년대에 큰 위기를 맞게 된다. 당시 레고가 선택한 전략은 사업영역과 제품군 확대를 공격적으로 추진하는 것이었다.

하지만 이러한 확대전략이 실패하면서 레고는 2003~2004년 대규모 적자를 기록하였고, 결국 파산 위기에까지 몰리게 되었다. 이때 레고는 다각화 전략을 포기하고 핵심 사업인 블록사업에 집중하며 비핵심사업을 정리하였다. 그리고 레고의 전통적인 재미인 조립을 다시 최우선으로 강조하는 전략을 세우며 다양한 고객층을 공략하게 된다. 이러한 집중전략이 성공하면서 레고는 다시 가파른 성장세를 이어갔고, 2007년~2012년 연평균 매출성장률 22%를 달성하며 레드 오션인 장난감, 완구산업에서 경쟁사들과 달리 홀로 고성장세를 지속하고 있다.

경영전략 분야에서 세계 최고 권위자인 마이클 포터Michael Eugene Porter 하버드대 비즈니스 스쿨 교수는 그의 저서 《경쟁 전략(Competitive Strategy)》에서, 특정산업 내 광의의 경쟁관계를 신규 진입자, 경쟁 기업, 대체재, 구매자, 공급자 등 다섯 가지 요인으로 정리하였다. 이러한 다섯 가지 경쟁요인으로부터 기업을 보호하려면 장기적으로 볼 때 비용 우위, 차별화, 집중화라는 3가지 기본 전략밖에 없다고 역설했다. 여기서 비용 우위 전략은 저비용 전략이고, 차별화 전략은 다른 기업에는 없는 특성을 살려 그 산업 내에서 특별한 위치를 차지하는 것이며, 집중화는 특정 지역이나 타깃에 기업의 자원을 집중하는 것이다.

우리나라 로봇기업으로 눈을 돌려 보자. 여러 가지 제품을 생산하는 기업도 있고, 특정 제품만 생산하는 전문기업도 있다. 국내외 경제사정으로 로봇기업들이 큰 어려움에 처해 있지만, 올해 상반기 실적을 놓고 보면 대체적으로 지난해보다 나아진 것 같다. 일부 기업은 2년 전 수준으로까지 회복되었다고 한다. 작년 실적이 워낙 좋지 않아 올해의 회복이 마치 기업이 성장한 것처럼 보이는 착시현상일 수도 있겠지만 여하튼 최악의 상황은 벗어나고 있는 듯하다.

레고는 위에서 살펴본 대로 큰 변혁기에 기업이 가장 경쟁력 있는 핵심사업에 집중하는 전략을 선택했다. 그리고 '완벽한 품질의 블록 제조'라는 핵심가치를 지킨 것이 세대를 뛰어 넘는 경쟁력의 근원이 되었다.

국내 로봇기업도 자기만의 경쟁력을 갖춘 핵심 사업에서 비즈니스를 하고 있다. 마미로봇은 청소로봇, 고영테크놀러지는 3차원 자동검사 시스템, 로보스타는 산업용 로봇과 자동화 분야, 로보티즈는 액추에이터, 퓨처로봇은 서비스 로봇, 로보로보는 교육용 로봇 분야에서 각각 기업이 가진 역량을 집중하고 있다. 이러한 집중전략 때문인지 이들 기업은 지금처럼 어려운 시기에도 나름대로 성장하고 있다.

글로벌 경쟁시대에 우리 로봇기업들도 해외 유수기업 또는 국내 기업과의 경쟁에서 살아남으려면 비용 우위, 차별화, 집중화 전략만이 살길이다. 다른 기업이나 제품에는 없는 우리 제품만이 가지고 있는 차별화 그리고 집중화 전략이 이 어려운 위기를 이겨내고 다시 도약할 수 있는 국내 로봇기업의 살길이다. 지금 우리 모두 레고의 성공요인을 다시 한번 곰곰이 되새겨보자.

마케팅 3.0 전략이 절실한 로봇산업_2013. 7. 20

마케팅의 구루Guru라 불리는 필립 코틀러Philip Kotler 미국 노스웨스턴대 켈로그 경영대학원 석좌교수는 기업의 마케팅 활동에서 가장 기본적이고 중요한 것이 4P 전략이라고 강조해 왔다.

4P란 제품Product, 가격Price, 유통경로Place, 판매촉진Promotion을 의미한다. 기업이 치열한 경쟁을 펼쳐야 하는 비즈니스 세계에서 성공하기 위해서는 많은 요소들이 중요하겠지만, 이 4P는 가장 기본적인 요소이다. 기업이 비즈니스를 하려면 우선 어떤 제품을 개발하고 판매할 것인지 결정해야 하고, 제품에 대한 개념이 정리되고 개발이 완료되면 그 제품을 얼마의 가격에 어느 시장을 통해서 어떤 판촉활동을 통하여 마케팅을 할 것인지 결정해야 한다.

최근 국내 한 로봇벤처기업이 정부로부터 세계일류상품 선정을 받은 지 몇 달 만에 법원에 법정관리를 신청했다. 이 회사 제품은 작년 9월 유럽최대 가전전시회인 'IFA 2012'에서 여러 언론의 주목을 받았다. 세계일류상품으로 선정되려면 세계시장 점유율이 5위 이내거나 3년 안에 5위 진입이 가능한 제품이어야 한다.

몇 달 만에 회사가 이렇게 어려워진 이유는 물론 제품이 잘 팔리지 않았기 때문이다. 4년간 제품 개발에만 50억 원이라는 큰 자금을 투입했는데 제품이 잘 팔리지 않자 부채는 늘어나고 재무 상황마저 나빠졌다고 한다. 그러자 은행들은 대출금 상환을 독촉하고, 정부지원을 받은 벤처캐피털마저 외면하면서 자금이 막혀 공장이 멈추고, 끝내 법정관리라는 마지막 선택을 할 수 밖에 없었다고 한다.

물론, 잘 나가는 대기업에는 대출해줄 테니 우리 돈 좀 제발 가져다 쓰라고 통사정하지만, 중소기업에게는 조금 어렵다 싶으면 힘든 사정을 봐주기는커녕 오히려 한 푼이라도 더 원금을 챙기려고 은행들이 벌이는 행태는 비난받아 마땅하다.

그럼에도 중소기업에서 50억 원의 개발 비용은 결코 작은 규모가 아니다. 개발이 완료되고 시장에서 속된 말로 대박상품이 되면 기업은 하루아침에 중견기업으로 도약할 수 있지만, 잘못되면 자그마한 회사는 하루아침에 문을 닫을 수밖에 없다. 이러한 위험을 피하려면 제품 개발 단계에서부터 제품 콘셉트를 잘 잡는 것이 중요하다. 제품 콘셉트를 잘 잡았으면 그 다음에는 시장을 잘 파악해야 한다.

로봇신문은 얼마 전에 농업용 로봇 개발 현황에 대한 해외 뉴스를 묶어 분석한 적이 있다. 지금 많은 기업들이 농업용 로봇을 개발하고 있지만 아직 상용화되어 사용되는 것은 많지 않다는 내용이다. 실험실을 떠나 막상 현장에 적용하려면 여러 가지 문제점들이 노출된다고 한다. 기사에서는 제품 콘셉트의 중요성에 대해 언급하면서, 로봇 분야의 연구가 기획 단계부터 로봇의 용도나 개념을 분명하게 잡지 못한 것이 상용화의 걸림돌이라고 진단한다.

법정관리를 신청한 우리나라 벤처기업의 제품은 획기적인 것으로 평가되면서 언론의 주목까지 받았는데 왜 시장에서는 팔리지 않았을까? 제품이 팔리지 않는다는 것은 제품이 매력적이지 않았거나, 제품은 매력적인데 시장에서의 수요가 없다는 이야기이다. 이것은 제품 개발 단계에서 콘셉트 정리가 잘 이루어지지 않았다는 의미일 수도 있다. 아니면 판매 가격의 문제일 수도 있고, 유통채널에 문제가 있었을 수도 있다.

필립 코틀러 교수는 "오늘의 시대는 제품 중심의 마케팅 1.0, 소비자 중심의 마케팅 2.0을 넘어 사회적 가치를 통해 소비자들의 마음과 영혼을 움직여야 하는 마케팅 3.0 시대"라고 말한다.

일본의 가전기업 샤프는 소비자의 마음을 배려하여 제품을 차별화하기 위해 자사 백색 가전제품에 음성인식 기능을 넣어 8월부터 판매한다고 발표했다. 세탁 종료 후 알람소리만 나오거나 전원을 킬 때 '띵~' 하고 단순한 기계음만 나오는 것과, "세탁하느라 힘드셨지요? 수고하셨습니다", "날씨가 너무 덥지요? 에어컨을 켜 드릴까요?" 같은 사람의 마음을 배려하는 음성이 나오는 것 중에 소비자들은 과연 어느 제품을 구매할까? 설문조사 결과 65% 이상의 응답자가 소비자의 마음을 배려한 제품이 더 친근감이 있다고 응답했다.

앞으로도 다양한 분야에서 수많은 로봇 제품들이 시장에 나올 것이다. 많은 돈을 투자하여 개발된 제품이 더 이상 실패하지 않으려면 우리 로봇기업들도 마케팅 3.0시대에 맞게 어떻게 해야 소비자들의 마음과 영혼을 움직일 수 있게 할 것인지 제품 콘셉트 단계부터 신중하게 생각해볼 일이다.

제7장

로봇이 있어 행복한 세상

개장 앞둔 마산로봇랜드, 일본과학미래관을 넘어서라_2019. 6. 17

며칠 전 일이 있어 일본을 갔다가 일본과학미래관Miraikan을 방문할 일이 있었다. 몇 년 전 본지에서도 일본과학미래관에 대한 기사를 소개한 적이 있었기에 비가 왔지만 기대감을 갖고 찾아갔다.

일본과학미래관은 도쿄도 고토구 아오미 2-3-6번지에 위치해있다. 2001년 7월 9일에 개관했으니 벌써 18년이 되었다. 일본과학미래관은 일본 과학기술진흥기구가 운영하고 있으며 기술혁신과 미래, 정보과학과 사회, 생명 과학과 인간, 지구환경과 프론티어 등 4개 주제를 대상으로 한 콘텐츠들을 상설 전시하고 있다. 최신 과학기술을 체험할 수 있는 곳으로서 7층 규모로 되어 있으며, 1층에는 심벌존으로 거대한 지구 모양 디스플레이에 콘텐츠가 비추어 지는 지오 코스모스Geo-Cosmos, 기획 전시존과 기념품 코너, 혼다HONDA자동차의 개인용 이동수단인 유니큡UNI-CUB 체험 공간이 자리잡고 있다. 특히 발광다이오드LED 100만 개를 부착해 건물에 매달아 놓은 '우주에서 바라본 오늘의 지구' 지구본은 일본과학미래관의 상징물과도 같은 존재이다.

상설 전시존인 3층에는 '미래를 만들다'라는 주제 하에 우리가 바라는 사회 및 생활 모습과 그것을 어떤 아이디어로 실현할 수 있을지를 생각해보는 곳이다. 이곳에는 일본의 자존심이라고 할 수 있는 혼다자동차의 아시모ASIMO 로봇과 안드로이드 로봇, 혼다의 초기 강아지 로봇, 심리치료용 물개 로봇 등이 전시되어 있다. 아시모 로봇은 하루에 4번 약 10분간 시연을 하는데, 필자가 갔을 때 다행히 마지막 4시 공연이 있어서 다른 전시관을 구경하고 맨 앞자리에 앉아 아시모의 시연 모습을 볼 수 있었다.

일본과학미래관의 아시모

아시모의 실물을 보는 것은 2년 전 한국에서 열렸던 서울모터쇼에 처음 아시모가 왔을 때 이후 이번이 두 번째였다. 아시모는 2000년 일본 혼다자동차가 처음 발표한 후 두 발로 걷는 로봇을 개발하는 곳이 생겨날 정도로 역사성과 전통을 가진 휴머노이드 로봇이며, 현재 기술로선 최고 수준이라고 할 수 있을 만큼 전신제어 기능을 갖추고 있는 로봇이다. 2000년 1호 제품이 처음 발표되면서 2족 보행 로봇 부문에서 상징적인 존재로 떠올랐다. 이후 2011년까지 총 7번에 걸쳐 개량된 제품이 발표되었다. 과학관에서 시연을 보인 로봇은 2014년 발표된 올 뉴 아시모의 모습이었으며, 몸무게는 48kg이고 시속 9km의 속도로 뛸 수 있는 로봇이다. 꼭 1년 전인 작년 6월, 혼다자동차가 아시모 개발을 중단하고 조직을 해체했다고 알려지면서 일본 내에 큰 충격을 주기도 했다.

이날 무대에서 아시모는 무대로 뛰어나와 공을 차기도 하고, 한 발로 뜀뛰기도 하고, 노래에 맞춰 율동도 하고, 옆으로, 뒤로, 사방으로 걷기도 하면서 10분 정도의 쇼를 펼쳤다. 과학관을 찾은 어린이와 학부모들은 아시모가 여러 가지 쇼를 보일 때마다 탄성을 질렀다. 그 옆에는 로봇의 개발 단계라는 제목의 일본이 1969년 처음 2족 보행 로봇을 개발한 시기부터 시작해 1990년도까지 17종의 로봇 사진과 소개 그리고 2000년대까지 일본이 개발한 다양한 로봇을 보여주는 로봇의 역사 코너가 자리잡고 있다.

그곳에서 조금 더 옆에는 안드로이드 연구로 세계적으로 널리 알려진 일본 오사카대학교 이시구로 히로시 교수가 감수한 단아한 성인 여성 모양의 검은 원피스를 입은 안드로이드 로봇 '오토나로이드[オトナロイド : Otonaroid]'가 소파에 앉아 있고, 그 옆에는 구동장치와 전선 등을 그대로 노출시키면서 얼굴만 사람 모습을 한 알터[Alter]라는 로봇이 상반신만 내놓은 채 관람객을 맞이하고 있다. 이 외에도 과학적으로 사물을 보는 관점을 부모와 아이가 함께 체험할 수 있는 호기심 놀이마당, 물리 사고를 기를 수 있는 체험 모델, 기술 혁신과 미래 혁신을 체험해 볼 수 있는 이노베이션관 등 여러 체험코너들이 만들어져 있다.

5층에는 '세계를 탐색하다'라는 주제 하에 우주와 태양계, 지구 환경 및 그곳에서 자라는 생명 등 우리가 살아가는 세계의 구조에 대해 탐색해 보는 공간이 있다. 특히 눈길을 끈 것은 국제우주정거장 체험 코너였다. 그리고 코 스튜디오Co-Studio라는 첨단 과학의 매력 및 우리 생활과의 관계를 이해하기 쉬운 토크 형식으로 전달하는 공간이 있으며, 가속기로 살펴보는 소립자와 우주, 지구 환경과 나, 함께 발전하는 의료, 생물이나 세포의 관찰, 게놈genome 연구에 대한 소개 코너들도 마련되어 있다. 6층에는 천장에 설치된 돔 모양의 스크린을 통해 영상을 즐길 수 있는 돔 시어터, 7층은 전망 라운지, 레스토랑 등이 배치되어 있다. 일본과학미래관은 관람객과의 쌍방향 커뮤니케이션이 가능하도록 다양한 연령대의 해설가들이 과학을 직접 체험하고 배울 수 있도록 안내하고 있다.

일본과학미래관은 버락 오바마 미국 대통령이 일본에 왔을 당시 직접 방문하여 아시모 시연을 관람하기도 하였으며, 또 로봇 우주 비행사 '키로보KIROBO' 귀국보고회, 세계 최초의 안드로이드 상설 체험전, 자율적으로 대화할 수 있는 휴머노이드 로봇 '에리카ERICA' 공개 행사 등이 열릴 만큼 일본 과학의 자존심을 갖고 있는 곳이기도 하다. 일본과학미래관을 보고 나오면서 필자가 몇 가지 느낀 점이 있었다. 우리나라 어디에도 한국의 대표적인 휴머노이드 로봇 '휴보HUBO' 시연을 마음껏 볼 수 있는 공간이 없다. 일본과 쌍벽을 이룰 만큼 우리나라도 휴머노이드 로봇 분야에서 뛰어난 기술력을 가지고 있지만 그것을 보고 체험해볼 수 있는 공간이 없다는 것이 안타깝다.

또 일본과학미래관 곳곳에서는 일본 어린이들이 여러 체험 공간에서 과학과 로봇을 직접 체험해보고 있었다. 그런데 그들을 가르치는 분들은 모두 연세가 드신 시니어 분들이었다. 아마도 현직에서 은퇴한 뒤 봉사활동을 하시는 분들처럼 보였다. 그분들은 과학이나 로봇을 체험하러 오는 어린이들을 한쪽에서 기다리고 있다가 체험하려는 어린이가 자리에 와 앉으면 1:1로 콘텐츠를 어린이에게 하나하나 친절하게 자세히 설명해주면서 아이와 함께 체험을 시작한다. 아마도 우리나라보다 먼저 고령화 사회를 맞고 있는 일본이기 때문에 그런 것으로 이해했다.

그리고 과학관 곳곳에는 앞에서 이야기한 대로 스토리에 맞는 다양한 체험 콘텐츠들이 준비되어있어 아이들이 부모와 함께 마음껏 만져보고 체험해보고 즐길 수 있었다. 과학관에서 멀지 않은 오다이바 다이버시티 앞에는 22미터 크기의 대형 유니콘 건담이 자리 잡고 있어 레이저 쇼를 보기 위해 많은 사람들이 찾고 있었다. 근처에는 다른 놀이 시설과 볼거리들도 여럿 자리잡고 있었다.

다음 달 26일 사업 시작 후 거의 10년 만에 마산로봇랜드가 먼저 개장을 한다고 알려졌다. 이곳에도 어김없이 로봇전시체험관이 들어설 예정이다. 과연 어느 정도의 예산으로 어떤 색다른 콘텐츠들이 관람객들을 맞게 될지 궁금하다. 서울시도 307억 원의 예산을 투입해 2022년 국내 최초의 로봇과학관을 서울시 창동에 조성한다.

이곳에서 우리나라를 대표할 수 있는 로봇과 다양한 종류의 콘텐츠들을 우리 아이들이 마음 놓고 직접 체험해 볼 수 있었으면 좋겠다. 스토리에 맞는 콘텐츠 구성, 로봇랜드뿐만 아니라 주변의 볼거리, 놀거리, 먹거리들과 연계되고, 현직에서 은퇴한 시니어 분들에게 로봇이나 코딩 교육을 시켜 그 분들을 활용하는 법도 고령화 시대를 맞이하는 우리 사회가 진지하게 고민해 보았으면 좋겠다. 콘텐츠에 대한 지속적이고 과감한 투자가 이루어지지 않아 보고 즐길 거리가 없으면서 콘텐츠들이 고장 난 채 방치되어 있거나 진부한 옛날 로봇들만 가득 자리 잡고 있다면 로봇랜드나 로봇과학관은 아무도 찾지 않는 거대한 로봇 쓰레기장이 될 뿐이다. 우리 아이들에게 희망을 줄 수 있고 미래를 만들어나가는 데 힌트가 될 수 있으며, 미래에 대한 해답을 스스로 찾을 수 있는 로봇랜드, 로봇과학관이 되기를 기대해 본다.

美 로봇카페 '카페X' 가보니..._2018. 2. 2

지난달 13일(현지시간) 토요일 미국 라스베이거스에서 6시 55분 새벽 비행기를 타고 샌프란시스코에 도착했다. 비행시간은 1시간 36분. 도착하니 오전 8시 31분이었다. 수속을 마치고 공항을 나와 샌프란시스코 국제공항역에서 30분 정도 기차를 타고 다운타운의 포웰Powell 스트리트 역에 도착했다. 출구를 나와 구글맵을 보며 몇 백 미터를 북동쪽을 향해 걸었을까. 드디어 내가 찾던 목적지가 나타났다. 바로 샌프란시스코 4번가 135번지에 위치한 메트레온Metreon 쇼핑 센터였다.

이곳에는 미국에서 처음으로 일반 매장 1층에 로봇카페 카페XCafe X가 설치되어 있는 곳이다. 카페X는 로봇이 커피를 만들어 제공해 주는 카페다. 1층 쇼핑센터 안으로 들어가려고 하니 아직 오픈 시간 전이었다. 카페X는 평일에는 오전 7시부터 저녁 7시까지 영업을 하지만 주말에는 오전 10시 30분부터 저녁 8시까지 영업을 한다. 시계를 보니 아직 10시 전이어서 주위 거리를 걸어보기도 하고, 2층 할인마트가 열려 있어 마트를 둘러보다가 시간에 맞춰 내려왔다. 1층 입구에는 쇼핑센터로 들어가려는 사람들이 문이 열리기를 기다리고 있었다. 잠시 후 문이 열리고 나는 카페X라고 쓰인 이정표를 따라 갔다. 이윽고 쇼핑센터 1층 후문 가까운 모퉁이에 카페X 모습이 보였다.

미국 샌프란시스코의 로봇카페 '카페X'

떨리는 마음을 진정하면서 카페X 앞으로 다가갔다. 카페X는 로봇신문에서 소개한 모습 그대로였다. 높이와 폭은 2미터, 길이는 1미터 70~80cm 정도 될까. 라운드 형태의 투명한 창으로 만들어진 큐브 형태의 로봇 카페 안에는 산업용 로봇 하나와 커피머신, 제빙기, 컵 디스펜서 등 여러 가지 장비들이 자리를 잡고 있었다.

카페X 앞에는 메뉴를 보고 결제할 수 있는 두 대의 태블릿이 설치되어 있었다. 나는 아메리카노를 주문했다. 가격은 $2.25였다. 커피 가격은 대체로 $2대였다. 커피 메뉴 중에서는 카페라떼가 $2.95로 가장 비싼 메뉴였다. 카드로 결제를 했다. 카드 번호를 입력하고 결제를 마치고 나니 핀 코드 4자리를 입력하라고 했다. 입력을 마치고 나니 바로 로봇이 주문에 맞게 작업을 시작했다.

로봇이 방향을 뒤로 틀어 컵 디스펜서에서 로봇 팔로 컵을 하나 뽑아 커피 머신기에 올려놓았다. 잠시 후 커피가 컵에 담기고 어느 정도

시간이 흐르자 로봇 팔이 컵을 들고 다시 전면 출구 옆에 커피를 가져다 놓았다. 이곳은 커피가 식지 말라고 보온 받침대가 설치된 곳이다. 보온 받침대는 주로 앱으로 커피를 주문한 고객을 위한 장치이다. 10분 정도 커피를 보온하면서 고객이 가져갈 수 있게 대기한다. 만약 시간이 지나면 커피를 자동으로 폐기하고 새로 커피를 만들어 제공한다고 한다.

주문할 때 입력했던 핀 코드 4자리 수를 입력하자 로봇 팔이 다시 커피를 집어 출구의 받침대 위에 올려놓았고, 곧 문이 열리고 주문한 커피가 나왔다. 로봇은 손님을 향해 감사하다는 의미로 좌우로 팔을 두 번 흔들어주고 이내 멈추어섰다. 커피를 주문하고 나오는 데까지는 약 2분 정도의 시간이 걸렸다.

카페X 앞에는 커다란 안내판이 있다. 바로 이 회사가 공급하는 커피 원두에 대한 안내이다. 1월에는 에콰도르 브랜드 커피 원두와 이 회사가 블렌딩한 인텔리전트시아 브랜드 커피 원두가 안내되어 있었다. 카페X 앞에는 의자 2개짜리 간이 테이블 3개가 비치되어 있었고, 반대쪽 구석에는 우리나라 여느 커피숍처럼 설탕과 우유, 휴지 그리고 뜨거운 종이컵을 감싸주는 종이 커버가 비치되어 있었다.

자리에 앉아 커피를 마셔보니 그 맛은 국내 여느 커피 전문점과 다를 바 없었다. 태어나서 처음 와본 낯선 도시 샌프란시스코. 혼자 카페X를 직접 체험해 보기 위해 라스베이거스에서 이곳에 와 커피를 마시고 있다보니 그제야 긴장했던 마음의 여유가 생겼다.

샌프란시스코행 비행기를 타면서 필자는 계속 스콧 매켄지Scott

McKenzie의 올드 팝송 'San Francisco(샌프란시스코)'를 흥얼거렸다. 1967년에 발표된 그의 대표곡이다. 학창 시절 그렇게도 많이 즐겨듣던 샌프란시스코 팝송의 본거지. 난생 처음 가 본다는 기대감도 있었지만 낯선 곳을 혼자 간다는 걱정도 있었던 것이 사실이다. 자리에 앉아서 살펴보니 쇼핑센터에 온 사람들이 지나가면서 로봇 카페를 보고 신기한 듯 커피 주문을 한다. 주문과 동시에 로봇은 열심히 커피 만드는 작업을 한다. 사람과 대면하면서 커피를 주문하고 주문된 커피를 받아 오는 일반적인 커피숍만 경험하다 사람이 없는 로봇 카페를 경험해 보니 신기하기도 했지만, 마음 한쪽으로는 조금 삭막하다는 느낌도 들었다. 시간이 흐를수록 이제는 사람과의 대면보다는 기계 또는 로봇과 커뮤니케이션하면서 살아가는 시간이 늘어나겠지...

커피를 마시고 카페 옆에 있는 낮은 계단을 올라 문을 열고 밖으로 나오니 커다란 공원이 있었다. 공원을 걸으면서 미래 로봇시대를 생각해 보았다. 로봇이 모든 일을 처리하는 로봇화된 점포가 우리에게 편리성을 제공해주기는 하지만 인간적인 정과 따뜻함을 나눌 수 없다는 것을 다시 한번 실감했다. 커피를 내려놓고서 로봇이 고맙다는 의미로 팔을 좌우로 흔들어주었지만, 따스함보다는 너무 기계적이라 오히려 쓸쓸하다는 느낌을 지울 수 없었다.

이미 시작된 중국의 로봇시대_2016. 7. 17

필자는 지난주 중국 상하이에서 열린 제5회 중국 국제로봇전[CiROS]에 다녀왔다. 그렇게 규모가 큰 전시회는 아니었지만, 중국 로봇산업의 실상을 여실히 볼 수 있는 전시회였다.

중국은 알다시피 세계 최대 산업용 로봇 국가다. 국가 차원에서 로봇산업을 육성하기 위해 많은 정책적 지원을 아끼지 않고 있다. 전시장에는 세계 최대의 로봇 격전장임을 알 수 있듯 다수의 글로벌 산업용 로봇 업체들이 눈에 띄었다. 그중에서도 야스카와는 중국이라는 거대 고객의 마음을 사로잡기 위해 작년에 이어 올해에도 용을 이용한 퍼포먼스를 보여 주면서 중국인들의 눈길을 사로잡았다. 전시장 메인 입구 좌우에는 세계 최고의 산업용 로봇기업 야스카와와 중국의 대표적인 로봇기업 신송(시아순)로봇이 자리 잡고 있었다. 현대중공업을 비롯해 쿠카, 나치, 유니버설, 화낙, 다이헨, 어댑트 등 유명 업체들과 많은 중국의 산업용 로봇기업들이 전시장을 가득 메웠다. 아직은 세계적인 로봇기업들과 비교해 종류가 다양하지는 않았지만 최신 6~7축 다관절 로봇을 비롯해 스카라 로봇, 이송적재 로봇, 물류 로봇 등 중국산 로봇들이 제법 눈에 많이 보였다. 로봇굴기라는 로봇대국 이미지에 맞게 지방 정부 성(省) 단위의 로봇 특구에서 선보인 로봇들을 보고 나니 우리 현실이 조금은 초라해 보였다.

중국의 대표적인 로봇기업 시아순로봇이 만든 양팔 로봇이 음료를 따르는 모습

세계 2위의 산업용 로봇 국가, 세계 4대 로봇 강국이라며 자평하고, 현대중공업, 로보스타 등 극소수의 몇 개 기업이 있지만, 경쟁력을 갖춘 산업용 로봇 기업은 보이지 않는다. 중국은 많은 기업들과 로봇특구에서 다양한 산업용 로봇을 개발하고 있는데 우리는 무엇을 하고 있나 싶다. 지금과 같은 상황이 2~3년만 더 지나면 우리는 산업용 로봇시장에서 중국의 기술력에도 뒤처지게 될지 모른다.

중국은 2020년까지 중국에서 판매되는 산업용 로봇의 50%를 중국산으로 충당하겠다는 장기 로드맵을 발표하고 하나하나 착실한 준비를 하고 있다. 우리는 어떤가. 산업용 로봇을 지원하다가 어느 순간부터 투자 대비 실적이 제대로 나오지 않는다며 서비스 로봇에 편중되는 태도를 보이다가 스마트팩토리, 인더스트리 4.0 이야기가 나오니 다시 산업용 로봇에 눈길을 보내는 등 로드맵도 없고 일관성도 없고 그저 그때그때 정권의 입맛에 따라 정책이 바뀌는 형국이다.

중국은 글로벌 산업용 로봇기업들이 시장을 모두 장악하고 있지만 이에 굴하지 않고 자국 내 산업용 로봇기업들을 육성하기 위해 다양한 지원을 해오고 있다.

또 일본은 어떤가. 이미 오래 전부터 야스카와, 화낙, 가와사키, 엡슨, 나치 같은 업체들이 산업용 로봇시장을 장악하면서 든든한 철옹성을 구축하고 있다. 일본의 이러한 강력한 시장 장악력을 뒷받침해줄 원군이 바로 고품질, 신뢰성에 가격 경쟁력까지 갖춘 부품업체 덕분이라고 로봇 기업 대표는 말한다.

서비스 로봇 분야로 이야기를 돌려보자. 필자가 이번 전시회에 가서 놀란 것은 수많은 서비스 로봇들이 중국은 이미 일상화되어있다는 것이다. 커뮤니케이션 로봇을 비롯해 교육용 로봇, 서빙 로봇, 안내 로봇, 감시경계 로봇, 은행업무 보조 로봇, 음식물 만드는 로봇, 소방 로봇에 심지어는 엔터테인먼트 로봇까지 전 영역에서 서비스 로봇이 이미 일상생활에 적용되기 시작했다는 것이다. 하지만 우리나라에는 어디에서도 서빙 로봇, 음식 만드는 로봇들이 운영되고 있다는 소식을 아직 들어보지 못했다. 중국은 도삭면 로봇을 비롯해 음식물 만드는 로봇이나 식당 서빙 로봇들이 이제는 흔한 광경이 되었다. 물론 일본도 음식 만드는 로봇이나 서빙 로봇이 운영되는 식당이 도쿄에 있다. 뿐만 아니라 고령사회를 대비한 간호보조 로봇, 재난대응 로봇, 커뮤니케이션 로봇, 농업 로봇, 작업자 및 장애인을 위한 웨어러블 로봇 등 산업용 로봇뿐만 아니라 서비스 로봇 시장에서도 한 발 앞서 나가고 있다.

아직도 중국 정부는 지방정부 로봇특구나 산업단지에 우리 로봇기업들을 유치하기 위해 파격적인 조건을 내세우면서 손짓하고 있다. 특히 아직은 중국보다 기술력이나 콘텐츠 등에서 앞서 있는 교육용 로봇이나 서비스 로봇 기업들을 유치하려고 치열하다.

이번 중국 방문길에서 필자는 상하이에서 자동차로 50분 거리에 있는 상하이 신금산지구를 진흥원, 협회, 기업 관계자들과 방문하여 미팅을 하였다. 그곳 역시 한국로봇기업들이 지리적으로 유리한 상하이 금산지구에 입주할 수 있도록 도움을 요청하면서 한국 로봇기업들이 입주한다면 최대한의 혜택을 강구해보겠다는 말도 잊지 않았다.

상하이 전시회에서 만난 국내 서비스 로봇기업 대표는 중국은 제품을 먼저 양산하고 그 뒤에 개발을 한다며, 제품 개발이 모두 끝나고 난 뒤에 양산을 시작하는 우리와는 정반대의 태도를 보이고 있다고 했다. 물론 그렇게 나온 제품들의 기능이나 신뢰성이 높지는 않겠지만 중국은 그런 상식을 벗어난 과정을 통해 로봇산업을 꾸준히 발전시켜 나가고 있다. 이제 외형만 놓고 보면 중국산 제품도 한국 제품, 일본 제품, 미국 제품과 별로 차이가 없어 보인다. 벌써 중국도 로봇시대가 이미 시작되었는데 우리만 뒤처져있는 것은 아닌지 걱정이다.

2045년 미래사회 모습_2016. 4. 29

앞으로 30년이 지난 2045년에 우리가 살고 있는 사회 모습은 어떻게 변화되어 있을까? 2045년이면 우리나라가 일제로부터 광복된 지 100년이 되는 해이다.

《특이점이 온다》 라는 저서로 우리에게 널리 알려진 구글의 기술고문 레이 커즈와일Ray Kurzweil은 2045년이면 인공 지능이 인간 지능을 초월하는 싱귤러리티Singularity 시대가 올 것이라고 전망했다.

최근 한국인터넷진흥원에서 《2045 미래사회@인터넷》 이라는 책을 발간했다. 이 책에서는 30년 후 우리나라 모습을 그리고 있다. 2045년이 되면 인구가 노령화되고, 1인 가구화됨에 따라 가정에서는 가사 노동 분담을 위한 가사 로봇이 도입된다. 인공지능 기술의 발달로 로봇의 지능이 상당 수준에 도달하고, 딥러닝 기술로 인간의 행동과 언어, 감정을 학습하게 됨에 따라 로봇이 노년층의 말동무 역할을 수행하면서 가족으로서 대우를 받게 될 것이라고 했다. 개, 고양이와 달리 로봇은 사료와 배설물 문제가 없어 애완동물 대신 반려 로봇을 키우는 세대가 젊은 층으로 확산되어 반려 로봇 인구가 1000만 명에 달하게 되고 이에 따라 애완 로봇의 수리와 미용, 성형 등을 전담하는 로봇 미용사가 인기 직업으로 각광받을 것이라고 했다.

또한 나노 기술과 로봇 기술의 접목으로 인간과 기계가 기존에 할 수 없었던 초미세한 작업 수행이 가능한 나노미터 크기의 군집 로봇 Swarm Robot이 등장할 것이라고 했다. 군집 로봇은 피코미터Picometer(미터의 1조 분의 1에 해당하는 길이) 단위의 과업을 수행할 수 있어서 고난이도의 근로가 필요한 생산 작업장에서부터 수요가 증가하며 군집 로봇을 이용한 생산 자동화 도입이 확대될 전망이라고 한다. 비용 등 문제로 군집 로봇 도입이 힘든 1인 기업 대상으로 정부 주도의 군집 로봇 대여가 시작되며, 대기업이나 로봇 보유기업의 로봇 대여 플랫폼 사업도 각광받게 된다.

그리고 작업장은 군집 로봇을 모니터링하는 근로자 1명만 필요하여 단순 노동 일자리는 감소하나, 로봇 대여 등을 통해 창의적 제품을 생산하는 1인 기업 증가로 전체 일자리는 증가할 것으로 전망했다. 또한 로봇 이용과 평균 수명 증가로 2045년 노동 가능 인구 기준 연령은 15세에서 80세까지로 늘어날 것으로 보았다. 로봇 파워 수트 등의 이용으로 연약한 어린이나 노인도 각종 작업 수행이 가능해져 작업 난이도는 쉬워진다고 한다.

특정 분야에서 인간보다 뛰어난 능력을 가진 인공지능이나 로봇이 개발되어 로봇들이 우리 사회 구성원으로 인간과 더불어 살아가는 사회가 될 것으로 내다봤다. 가정에서는 음식 조리 등을 수행하는 가사 로봇이, 공장에서는 생산 로봇이, 거리에는 청소부 로봇이나 교통 정리하는 경찰 로봇 등이 등장하게 된다. 일부 회사에서는 직장 상사나 부하 직원이 로봇일 수도 있으며, 로봇을 애완동물 수준이 아닌 연인으로 사랑하거나 인간을 동경하는 인공지능을 가진 로봇도 개발될 것이라고 한다. 그래서 인간을 인간답게 해 주는 것이 무엇인지, 인간이 로봇과 같은 신체를 갖는다는 것이 어떤 의미인지에 대한 사회적 논의가 이루어지고 로봇의 3원칙이 재해석될 필요가 있다고 보았다.

그리고 운전자가 필요 없는 자율주행자동차도 상용화되어 있을 것이라고 한다. 자율주행자동차로 운전면허증 없이도 자가용으로 어디든지 편안하고 안전하게 이동할 수 있으며, 자동차 운전 중에 독서, 회의, 개인 활동이 가능하여 시간을 효율적으로 이용할 수 있다. 현재 자율주행자동차는 테스트 수준으로 2020년 본격적으로 출시될 전망이다. 자율주행자동차는 제한적 용도로 사용이 되다가 일반인에게는 2030년대 이후에 보급될 것이라고 했다. 운전면허증은 사라져 초등학생도 혼자 자가용을 운행할 수 있게 된다. 지능형 교통체계와 연계하여 운행하는 자율주행자동차의 특성상 교통사고도 대폭 감소할 것이라고 한다.

택시는 운전사가 없는 무인(로봇) 택시로 대체되며 이에 따라 택시요금은 저렴해지고, 택시 이용률은 대폭 증가할 것이다. 하지만 현재처럼 빈 택시를 잡지 못해 발을 동동 구를 필요는 없어진다. 초연결 네트워크 시대에서는 무인 택시도 네트워크와 연결되어 있어 언제 어디서든 택시 이용을 예약할 수 있으며, 근처에 가장 가까운 빈 택시를 이용할 수 있게 된다. 운행 택시 숫자는 더욱 정교해진 빅데이터 기술로 택시 승객을 파악하여 적정 수준의 택시가 항상 운행될 것이다. 택시 요금 인하와 택시 잡기가 수월해짐에 따라 교통수단의 패러다임이 '소유'에서 '공유'로 바뀌게 된다고 한다. 개인은 자가용을 소유하지 않아도 택시나 무인차 쉐어링 서비스를 통해 언제든지 자동차 이용이 가능하게 될 것이기 때문이다.

자율주행자동차가 보급되기 전인 2030년까지는 대도시 광역화에 따라 교통 체증, 주차, 환경오염이 사회문제로 대두될 전망이다. 환경문제의 대두로 석유 등 탄소 배출 자동차에 탄소세 등 친환경 세금이 부여되므로 향후, 대다수 자동차는 친환경 에너지를 사용하며 경량화, 소형화될 전망이다. 교통수단의 패러다임이 공유 문화로 변화됨에 따라 2045년에는 주차와 교통 체증 문제가 해소될 것이다. 개인 소유 자동차 숫자가 줄어들어 개인 자동차를 주차하기 위한 주차장이 사라지고, 노상 주차가 없어져 교통 흐름이 원활해질 것이다.

이렇게 지금은 상상 같은 일들이 30년 후면 현실이 될 것이다. 그때쯤이면 우리 인류의 삶은 지금보다 훨씬 편안하고 윤택해져 있을 것이다. 수명 연장 기술과 의료 빅데이터 기술 발전으로 대부분 질병의 치료법이 개발되어 평균수명이 120세가 될 것이다. 우리는 무엇을 하며 살아야 할까.

로봇카가 가져올 미래 변혁_2016. 2. 7

현재 글로벌 자동차 업계, IT 업계에서 가장 핫한 이슈 중의 하나가 자율주행자동차, 일명 로봇카RobotCar가 아닐까 생각한다. 포드, 볼보, 닛산, 다임러, 아우디, 롤스로이스, 도요타, 폭스바겐, GM, 테슬라 등 글로벌 자동차 기업뿐만 아니라 구글, 애플, 바이두 같은 IT 기업 그리고 현대기아차, 쌍용차 등 국내 기업들도 자율주행자동차 기술 개발에 한창이다. 일본의 닛산자동차, 독일의 다임러 등이 오는 2020년 자율운전Self Driving이 가능한 로봇자동차를 시판할 예정이라고 하니 아마도 로봇카 시대가 곧 도래할 것으로 보인다.

미래 자동차 모습

미국 도로교통안전국NHTSA은 자동차가 수행할 조작의 복잡성과 운전자가 관여하는 정도에 따라 자율주행을 다음과 같이 5단계로 구분하였다.

- 레벨 0 : 운전자가 완전히 항상 자동차를 제어하는 상태로 일반 자동차를 생각하면 된다.
- 레벨 1 : 가속 · 조향 · 제동 중 하나를 자동차가 행하는 상태이다.
- 레벨 2 : 가속 · 조향 · 제동 중 복수의 조작을 동시에 자동차가 행하는 상태이다.
- 레벨 3 : 가속 · 조향 · 제동을 전부 자동차가 하고, 응급 상황 시에만 운전자가 대응하는 상태이며, 운전자는 여전히 필요하다.
- 레벨 4 : 가속 · 조향 · 제동을 전부 자동차가 하고 운전자가 전혀 관여하지 않는 상태로, 운전자가 필요 없다. 진정한 자율주행 자동차(로봇카)라고 말할 수 있다.

현재 시판되는 자동차에는 레벨 2까지 적용되어 있다. 완전한 자율주행자동차 단계인 레벨 4는 2025년 이후에나 가능할 것으로 전문가들은 보고 있다.

우리가 흔히 자율주행이라고 하는 데에도 2가지 종류가 있다. 하나는 오토 파일럿Autopilot(일종의 자동 조정, 구동)이고, 또 하나는 자율운전Self Driving이다. 아마도 레벨 3이 오토 파일럿이고 레벨 4가 자율운전의 개념에 더 가깝다고 볼 수 있다. 레벨 3은 운전자가 주체이고 자율주행을 할 때에도 운전자가 주체적으로 조작한다. 반면 레벨 4는 주체가 운전자가 아닌 자율주행시스템 운영자이다. 그래서 어떤 전문가들은 글로벌 자동차 기업들이 추구하는 자율 운전은 레벨 3이고, IT기업이 추구하는 자율 운전은 레벨 4로 약간의 차이가 있다고 말하기도 한다. ICT 기술을 활용해 자율주행 시스템을 운용하려는 구글 같은 IT 기업에게는 어쩌면 레벨 4 단계를 통해 글로벌 자동차 산업을 지배하려는 야욕이 있어 이 시장에 뛰어들었는지도 모르겠다.

이러한 완전한 자율주행자동차 시대가 도래하면 세상에 많은 변화가 올 것이다. 먼저 자동차 추돌 사고가 없어지면서 자동차 보험이나 면허증도 필요 없게 된다. 또 자동차가 휴대폰과 같은 통신 시스템과 연결되면 지금의 스마트폰처럼 통신사업자에게서 자동차를 구입할 수도 있다. 거기다 테슬라가 추구하는 전기자동차 시대가 오면 전기가 기존 휘발유를 대체할 것이고, 그러면 주유소 역시 필요가 없어질 것이다. 그리고 노령화 시대에 접어들어 나이가 들어 운전을 하지 못하는 노인 분들이나 장애를 가진 분들도 걱정 없이 원하는 곳을 갈 수 있는 시대가 올 것이다. 이러한 변화만으로도 우리 사회는 큰 변혁을 맞이하게 될 것이다.

우리 정부도 자율주행차에 대한 세계적 흐름에 발맞추어 지난달 국토교통 7대 신산업 중 하나로 자율주행차 산업 육성을 위해 실제 도로 시험운행 · 시범운행단지 지정 · 실험도시 구축 등 기술개발 지원사업을 적극 추진하겠다고 발표했다.

아울러 정밀도로지도 구축, 정밀GPS기술 상용화, C-ITS(차세대 지능형교통시스템) 구축 등 자율주행 지원 인프라 확충, 자율주행 안전성 평가 기술 개발 및 자율주행차 관련 국제 기준 제정 참여 등 우리나라가 자율주행 기술 선도국으로 부상할 수 있도록 지원을 아끼지 않겠다고 밝혔다.

금년 2월부터 자율주행차 임시운행 허가제도를 시행하여 허가 신청 접수 및 자율차의 기능에 대한 확인 과정 등을 거쳐 3월부터는 본격적으로 일반도로에서의 자율주행차 시험운행이 이루어질 수 있도록 할 계획이다. 국토부는 고속도로 1개구간(42km), 일반도로 5개구간(318km)을 이미 2015년 10월에 시험구간으로 지정하였다.

국토부는 다양한 실제 교통 환경에서 자율주행자동차 주행 시험이 가능하도록 올해 7월 일정 구역을 시범단지로 지정해 차량-인프라 간 통신 시설 등 자율주행 지원 인프라 확충을 우선 지원할 계획이다.

이제 우리나라 도로에서도 자율주행차량이 도로를 주행하는 모습을 볼 수 있을 것이다. 로봇카 시대가 몰고 올 사회 변혁을 미리 준비하는 지혜가 필요할 때다.

이미 시작된 일본의 로봇시대_2015. 12. 6

지난주 일본 도쿄 빅사이트 전시장에서는 세계 최대 규모의 로봇 전시회인 'IREX2015'가 4일간 열렸다. 2년 만에 열리는 이번 전시회는 역대 최대 규모인 20개국에서 446개 기업과 기관이 1882개 부스 규모로 참가하였다. 2년 전 2개 회사에 불과했던 국내 참가 기업도 5개나 되었지만 부품이나 서비스 로봇, 디자인 회사뿐이었다.

이번 전시회를 보기 위해 아침부터 수많은 사람들이 긴 줄을 서서 입장을 기다릴 만큼 많은 사람들이 모여 들었다. 1, 2, 3홀에는 산업용 로봇 기업과 부품 기업들이 전체 전시장을 채웠다. 야스카와, 화낙, 가와사키, 덴소, 다이헨, 나치, OTC, 도시바, 덴소, 야마하, 엡손을 비롯해 ABB, 쿠카, 유니버설로봇, 하이윈 등 세계적인 산업용 로봇 업체들이 모두 한 자리에서 자사 로봇들을 선전하기 바빴다.

속도가 빠른 여러 종류의 로봇에서부터 양팔 로봇, 가반 중량이 커진 산업용 로봇들이 많이 눈에 띄었다. 이번 전시회는 미래 공장 모습을 미리 볼 수 있을 만큼 네트워크와 자동화, 산업 현장에서의 안전을 강조한 로봇들이 많이 전시되었다. 생산 현장에서 인간-로봇 협업 작업이 늘어나면서, 안전을 위해 로봇을 덮고 있는 외부 소재가 무거운 쇠가 아니라, 사람과 부딪혔을 때 충격을 최소화할 수 있는 경량 소재로 바뀌었거나, 안전 펜스 없이 일정 거리 내에 사람이 나타나면 로봇이 알아서 속도를 줄이거나 동작을 멈추는 안전 로봇이 대세였다. 산업용 로봇의 가장 큰 수요처인 자동차 산업과 전자 산업에 실제 적용해 작업 모습을 보여주는 로봇들이 많았다. 그리고 공장 자동화, 물류 현장에서의 적재 및 이송을 위한 로봇들도 여럿 전시되어 있었다. 인공지능의 발달로 사람이 동작을 가르쳐주면 로봇이 바로 동작을 똑같이 따라하는 지능형 로봇들도 많이 보였다.

다른 한쪽에서는 오늘날 일본의 로봇산업이 어떻게 세계적인 경쟁력을 가지게 되었는지를 보여주듯 모터, 감속기, 액추에이터 같은 로봇 핵심 부품 업체들이 꽤나 큰 규모로 참가하고 있었다. 또 세계에서 중국의 로봇 수요가 가장 커서인지 한국 사람들보다는 예년 대비 중국인들의 모습이 많이 목격되기도 하였다.

1, 2, 3홀을 나와 건너편 전시관에는 일본 연구기관, 대학, 자치단체 그리고 서비스 로봇 기업들이 자리하고 있었다. 후쿠시마 원전 사태로 안전에 대한 인식이 높아져서인지 재난 안전에 대한 로봇들도 많이 눈에 띄었다. 특히 일본 신에너지산업기술종합개발기구NEDO는 재난대응 로봇을 시연하였다. 지난 6월 미국에서 열린 다르파 로보틱스 챌린지DRC처럼 실제로 커다란 재난 현장을 꾸며 놓고 두 대의 로봇이 가스 밸브를 잠그고 유리창을 부수며 재난 현장에서 활약하는 모습을 시연하였다. 그리고 오래된 터널이나 교량 등 사회간접시설들을 점검하기 위한 로봇들도 눈에 많이 띄었다. 이번 전시회에는 일본의 고령화 사회에 대한 대비 때문인지 다양한 종류의 농업용 로봇과 실버케어용 로봇들도 전시되어 최근 일본 로봇산업의 현주소를 보고 배울 수 있었다.

그리고 그 유명한 감정인식 로봇 페퍼도 소프트뱅크를 포함해 몇몇

앱 개발 회사들이 전시 및 판매하고 있었다. 그러나 올해 도쿄 로봇 전시회에서 필자의 눈을 가장 많이 끈 것은 역시나 커뮤니케이션 로봇이었다. 우리는 보통 '소셜 로봇'이라고 하는데, 일본에서는 소셜 로봇보다는 사람과 대화를 하거나 감정인식과 같은 커뮤니케이션을 주로 해서 '커뮤니케이션 로봇'이라는 이름으로 더 많이 소개되었다. 이러한 흐름은 고령화 사회에 접어든 일본 사회문제 때문인지 10여개 업체가 다양한 소셜 로봇들을 출품하였다. 또한 실제 사람과 너무나 유사해서 쉽게 사람인지 로봇인지 구분하기 힘든 안드로이드 로봇들이 특정 회사나 제품을 소개하거나, 사람과 커뮤니케이션하는 모습도 몇 군데서 보였다.

이번 전시회를 보면서 산업용 로봇 전시관에서는 우리 생활과 직접적인 관련이 없어서인지 몰라도 '미래 생산 현장이 이런 모습으로 바뀌겠구나'하고 생각하는 수준이었지만, 다양하고 수많은 서비스 로봇들을 보면서 진정한 로봇 시대가 이미 시작되었음을 실감할 수 있었다. 그리고 이제 일본에서는 로봇 시대가 미래의 개념이 아니고 이미 현실이 되어있음을 느낄 수 있었다.

최근 필자는 10월 일산 킨텍스에서 열렸던 로보월드를 비롯해 지난달 광주 빛고을 로봇전시회, 대구 국제로봇전시회를 모두 둘러보았다. 3개의 국내 전시를 보고 느낀 점은 아직 국내에서는 로봇 시대가 열리려면 좀 더 시간이 필요하다는 것이었다. 그런데 이번 일본 전시회를 보고 나서 로봇 시대가 미래의 일이 아닌 현실의 상황임을 실감하였고, 한편으로는 우리보다 한 발 앞서가고 있는 일본 로봇 사회가 부럽다는 생각도 들었다.

창조만이 로봇을 이기는 길이다_2014. 11. 23

영국의 수학자 앨런 튜링은 1950년에 〈기계도 생각할 수 있을까〉라는 논문을 통해 인간이 기계와 이야기하는지, 인간과 이야기하는지를 분간할 수 없다면 컴퓨터가 지능을 갖고 있다고 보아야 한다고 주장했다.

이런 과정을 '튜링 테스트Turing Test'라 부르게 되었다. 이 테스트는 기계와 인간을 칸막이 방에 놓고 제3자가 질문을 한 다음 어느 쪽이 기계이고 인간인지 구분하는 것이다. 만약 제3자가 기계와 인간을 구분할 수 없다면 그 기계는 튜링 테스트를 통과한 인공지능이라고 보았다. 튜링의 이러한 생각은 인공지능에 대한 개념적 기반을 제공한 것으로 평가받는다.

그리고 65년이 흐른 지난 6월 영국의 레딩대학교는 이 대학에서 개최된 '튜링테스트 2014'에서 슈퍼컴퓨터 '유진 구스트만Eugene Goostman'이 최초로 튜링 테스트를 통과했다고 발표했다.

인공지능이라는 용어는 1956년 다트머스 컨퍼런스에서 처음 제기되었다. 다트머스대학교 수학자이자 컴퓨터 과학자인 존 매커시는 '인공지능 하계연구 프로젝트'를 기획했는데, 그는 인공지능학을 '지능적 기계를 만드는 과학과 기술'로 정의했으며, 인공지능은 기계가 지식을 가지고 스스로 학습하고 행동할 수 있어야 한다고 했다.

그러나 로봇공학의 획기적인 발전으로 몸을 통한 인지가 인공지능의 두뇌와 결합되고, 기계가 인간 혹은 기계와 연결되면서 상호작용을 통한 학습을 수행하게 되고, 기계의 무의식이 확장되면서 인공지능은 더욱 인간 지능에 가까워지게 되었다. 하지만 전문가들은 진짜 인공지능이라면 사람처럼 종합적인 판단력이 있어야 한다고 말한다.

한편 영국 옥스퍼드 대학 인공지능 전문가 마이클 A.오스본 교수가 발표한 논문은 우리에게 많은 충격을 던져준다. 논문에 따르면 앞으로 10년 후에는 702개의 직업 중에서 절반에 가까운 48%가 인공지능 발달로 로봇이나 기계에 의해 사라지거나 대체될 것이라고 했다.

또 구글이 선정한 최고의 미래학자이며, 미국의 싱크탱크인 다빈치 연구소의 토마스 프레이 소장 역시 2030년이면 전 세계 고용의 50%, 20억 명의 일자리가 기계로 대체될 것이라고 예견했다.

미국 듀크대학의 영문학 교수인 캐시 데이비드슨도 몇 년 전 한 신문 인터뷰에서 "아이들이 성인이 될 무렵, 그들 중 65%는 아직 존재하지 않는 직업에 종사할 것"이라고 말했다.

지난달 말에는 일본에서 '로봇이 일본의 명문 도쿄대에 들어갈 수 있을까'라는 인공지능 프로젝트가 열렸는데, 프로젝트 결과 인공지능 '도로봇군[東ロボくん]'이 대입 모의 영어시험에 도전하여 50.5의 편차로 평균 이상의 성적을 달성했다고 한다.

이제는 로봇이 대입시험을 치러 좋은 성적을 거둘 만큼 인공지능은 발전했다. 컴퓨터와 기계기술의 발전은 너무 빠른 속도로 진행되어 우리들에게 때로는 두려움과 좌절감을 갖게 한다.

앞서 이야기한 전문가들의 예견이 아니더라도 기술 발전으로 미래에는 틀림없이 그런 일들이 일어날 것이다. 아니, 어쩌면 벌써 그런 일이 일어나고 있다고 말하는 것이 정확한 표현인지도 모르겠다.

하지만 오스본 교수는 우리가 너무 걱정하지 않아도 된다고 한다. 인공지능 발달로 인간이 기계에 의해 할 일을 빼앗기게 되면 인간은 좀 더 창조적이고 창의적인 일에 매달리면 된다는 것이다.

인간만이 가지고 있는 섬세하고 감성적인 면을 더 발휘해 창조적인 새로운 일을 찾게 된다면 로봇이나 기계가 우리 일을 빼앗아갈 것이라는 두려움과 절망감에서 좀 더 자유로워질 수 있을 것이다.

창조만이 기계와의 싸움에서 인간이 살아남는 유일한 길이다.

귀성 전쟁과 로봇카 시대_2014. 2. 2

민족의 대이동이라고 할 만한 4일간의 설 명절 연휴가 끝났다.

많은 사람들이 귀성길과 귀경길에서 교통 정체 때문에 적지 않은 고생을 했다. 서울에서 부산까지 8시간, 목포나 울산까지 8시간, 광주 7시간, 강릉 5시간, 대구 7시간 등으로 평소보다 많은 시간이 걸렸다. 그래도 이 정도면 20시간 넘게 걸리던 10~20년 전에 비해 아주 좋아진 것이다. 이는 도로가 늘어나고 실시간 교통 정보가 제공되는 내비게이션 덕분이다.

국토교통부에 따르면 이번 설 연휴에 전국에서 2769만 명의 국민들이 이동했다고 한다. 우리나라 전체 국민의 50% 이상이 귀성과 귀경을 한 셈이다.

본래 귀성에서의 '귀'(歸)는 향리로 돌아온다는 뜻이고 '성'(省)은 부모를 찾아뵙는다는 뜻이다. 이것이 현대로 내려오면서 뜻이 확대되어 부모를 뵙기 위해 고향으로 돌아가는 것을 귀성이라 하고, 고향에 내려갔다가 다시 서울로 돌아오는 길을 귀경이라고 하는 것이다.

이 '귀성'이라는 단어는 9세기 중국 당나라 때 시인 주경여(朱慶餘)의 '송장경의귀양주관성시'(送張景宜歸揚州觀省詩)라는 시와, 적인걸(狄仁傑)의 '귀성시'(歸省詩)라는 시에 처음 등장한 것으로 알려져 있으니 지금으로부터 천백여년 전부터 사용되어 온 말이다.

이러한 민족의 대이동은 비단 우리나라만의 일이 아니다. 중국에도 우리의 설에 해당하는 춘절 연휴 동안 귀성전쟁이 치러지는데, 그 규모가 우리와는 비교가 되지 않을 정도이다.

보도에 따르면 올해는 춘절 연휴 앞뒤로 40일간에 걸쳐 중국인들이 항공, 도로, 철도를 통해 36억여 명이 이동할 것이라고 한다. 이는 지난해보다 약 2억 명이 많은 것으로, 중국 인구가 13억 명임을 감안할 때 한 사람이 평균 3회 정도 이동하는 셈이다. 방송에서는 고향 가는 기차표 구하기가 너무 힘들어 미리 말을 타고 가거나, 자전거에 짐을 싣고 며칠씩 달려가는 모습을 보여주기도 하였다.

하지만 이러한 모습도 앞으로는 먼 옛날이야기가 될지도 모른다. 자율주행자동차라는 로봇카가 앞으로 5~6년 후인 2020년쯤이면 상용화되어 우리가 일상적으로 사용하게 되기 때문이다.

로봇카는 미리 목적지만 설정해 놓으면 안전하게 원하는 목적지까지 데려다줄 것이다. 8시간 동안 핸들을 잡고 앉아있지 않아도 된다. 졸리면 잠을 자거나 동승자와 마음껏 대화를 나누어도 된다. 게임을 하거나 영화를 보고 음악을 듣고 책을 읽고 있는 동안 로봇카가 운전을 해줄 것이다.

한편 도로교통공단이 최근 3년간 설 연휴 교통사고를 분석한 결과에 따르면 이 기간 동안 교통사고에 의한 사상자가 평소보다 더 많이 발생한 것으로 나타났다. 실제로 3년간 총 4594건이 발생해 92명이 사망하고 8866명이 다쳤다. 사고가 하루 평균 383건이 발생해서 8명이 사망한 셈이다. 또 교통사고 100건당 사상자도 195명으로 평상시 155.4명보다 25.5%나 많아 가족단위 승차인원 증가에 따른 교통사고 위험성을 보여주고 있다. 하지만 자율주행자동차가 일상화되면 설 연휴에 교통사고로 아까운 생명을 잃는 일도 없어질 것이다.

앞으로도 고향이라는 단어가 존재하는 한 설이나 추석 명절도 존재할 것이다. 또한 귀성이라는 단어도 앞으로도 오랫동안 존재할 것이다. 하지만 설 명절에 고향의 부모와 가족을 만나러 가기 위해서 단지 자동차를 운전하는 목적으로 힘들게 오랜 시간동안 운전석에 앉아 핸들을 잡고 있었다는 사실을 10~20년 후에 우리 후손들은 이해할 수 있을까? 세상은 참 빠르게 변해가고 있다.

언맨드솔루션 자율주행 셔틀 '위더스'

로봇관련 직업, 그곳에 미래가…_2013. 10. 27

대학 졸업 직전 필자는 국내에서 꽤 알려진 컴퓨터 회사 기획실에 입사해 첫 직장 생활을 시작했다. 당시 컴퓨터 산업은 대한민국을 먹여살릴 미래 유망 산업이었다. 대학마다 컴퓨터 학과가 생겨났고, PC와 주변기기 시장도 호황이었다. 그런 회사에 입사한 필자를 당시 대학 동기들은 많이 부러워했다.

당시에는 PC 한 대 값이 몇백만 원씩하고 레이저 프린터 가격도 500만 원이 넘던 시절이었다. 지금은 그때와 달리 PC 시장이 포화되고 가격도 많이 떨어져 수익성이 예전보다 못하니 산업 자체가 사양 산업에 가까울 만큼 대우를 못 받고 있다.

시간이 흘러 이제는 또 다른 유망 직종들이 등장하고 있으며 분야도 세분화되면서 직업군도 자꾸 늘어난다. 2011년 직업사전에 등록된 직업 수는 9298개로 2002년보다 1300여 개 정도 늘었다. 매년 100여 개 직업이 새로 생겨나고 있다고 하니 지금쯤 직업 수가 1만 개가 넘었을 것이다.

미래 유망직종을 보면 로봇관련 분야는 항상 10대 직업군에 속해 있다. 여기에는 로봇을 연구하는 로봇 공학자, 로봇 수요자들의 목적에 맞게 설계하는 로봇 디자이너, 로봇을 만들어내는 로봇 개발자, 로봇의 지능과 움직임을 담당하는 소프트웨어 개발자, 로봇을 설치하고 운영하며 관리와 보수의 책임을 지는 로봇 운영자 같은 직업이 있다. 또 최근에는 로봇과 인간과의 관계를 연구하는 로봇 심리학자, 로봇을 이용하여 공연이나 퍼포먼스 같은 문화 콘텐츠를 만드는 로봇 공연 기획자, 로봇을 노령화 사회를 지탱하는 일원으로 이끌어내는 실버 로봇 서비스 기획자에 이르기까지 로봇 분야 전문 직업도 세분화하면서 계속 증가하고 있다. 얼마 전에는 로봇 성형수술 전문가도 등장했다는 외신 보도가 있었다. 모두 로봇 기술 발달로 탄생한 신종 직업이라 할 수 있다.

이들 직업군이 지금은 미래 유망직종이라지만, 앞으로 25년 후에는 어떻게 바뀌어 있을까. 그때는 로봇산업이 성수기를 지나 평범한 산업으로 바뀌고 이런 직업도 사라져 있을지도 모른다. 그렇다고 미리 겁먹을 필요는 없다. 어느 직업을 택하건 시간이 흐르면 기술이나 시장의 변화로 사라져버리기 때문이다.

의료기술의 발달로 이제는 120세 시대가 다가오고 있다. 대학원 첫 강의 때 한 교수는 "이제 여러분은 120세 시대를 살아가야 하기 때문에 거기에 대비해 직업을 최소한 3개는 가져야 한다"고 말했다. 학교 졸업 후부터 50세~60세까지 첫 직업, 두 번째 직업은 80세까지, 세 번째 직업은 죽을 때까지라는 게 그 분의 논리였다.

이런 논리를 생각하면 10대 직업군의 하나인 로봇 분야를 학교 졸업 후 첫 직업으로 선택하는 것도 의미 있는 일이 될 수 있다. 우리가 직업을 선택하는 데는 몇 가지 고려 기준이 있다. 첫째, 자신의 적성에 맞아야 한다. 아무리 돈을 많이 벌고 주변에서 부러워하는 직업이라도 적성에 맞지 않으면 그 일을 오래할 수 없다. 둘째, 즐거운 마음으로 할 수 있고, 또 자기가 좋아하는 분야여야 한다. 좋아하는 일을 하는 것만큼 행복한 사람은 없으며 좋아하는 일을 하는데 즐거운 마음이 생기지 않을 이유가 없다. 셋째, 자신의 능력에 맞는 직업이어야 한다. 자신의 능력으로 감당할 수 없는 직업을 갖게 되면 현실에 적응하지 못해 사회 패배자가 될 수 있다. 넷째, 변화하는 시대에 적절히 부응해야 한다. 직업이란 앞서 이야기한 대로 시대 흐름에 따라 부침이 있을 수 있기 때문에 장기적 안목으로 미래를 봐야 한다. 특정 분야에서 객관적으로 인정받을 수 있는 전문가가 되는 것도 한 방법일 수 있다.

이러한 기준을 고려한 후 그래도 로봇이라는 확신이 들면 과감히 관련 직업에 도전해보자. 그곳에 자신의 미래가 있다.

왜 로봇인가?_2013. 7. 5

사람들을 만나면 왜 로봇신문을 창간하게 되었느냐고 물어본다.

대부분의 사람들은 빠르지도 늦지도 않은 아주 적절한 시점에 로봇신문을 창간했다고 말한다. 또 어떤 사람들은 로봇이라는 좁은 영역의 전문 매체로 어떻게 살아나갈 수 있겠느냐고 걱정하기도 한다. 10년 전 그 척박한 시절에 벌써 로봇 전문매체를 만들어볼까 생각했다는 선구자적인 안목을 가진 로봇공학자가 있는가 하면, 또 어떤 분은 협회를 찾아와서 로봇신문을 만들어보겠다고 도움을 청한 일도 있었다고 한다.

10년 전이면 국내 로봇산업이 제대로 발전하지 못하던 시기이다. 정부가 지능형 로봇을 IT분야 신성장동력의 하나로 선정한 게 2003년 3월이고, 국민로봇사업단이 출범한 것이 2005년 10월이다. 물론 2001년 지능형 로봇 기술개발을 지원하는 최초의 대형 국가과제인 '퍼스널 로봇 기반기술개발' 과제가 시작되었지만 산업적 토대는 거의 없던 시절이다.

국내 로봇시장이 2009년 처음 1조 원을 돌파했고, 2년 만인 2011년에 2조 원을 넘어섰다. 작금의 어려운 경제여건 속에서도 과연 올해 3조 원을 또 넘어설 수 있을지 주목된다.

이러한 시장 상황을 놓고 보면 빠르지도 않고 늦지도 않은 아주 적절한 시점에 로봇신문을 창간하였다는 말이 맞다고 볼 수 있다.

로봇신문을 창간하기 직전 필자는 모 신문사에 근무하면서 로봇관련 비즈니스들을 몇 년간 진행해왔다. 로봇영재 자격증을 처음 기획해 3년 넘게 운영하였고, 여름이나 겨울방학이면 로봇캠프를 개최하였다. 로봇융합포럼 출범과 함께 국제로봇융합컨퍼런스를 기획하여 개최하였고, 대한민국 로봇봉사단과 함께 몽골로 첫 해외 봉사활동을 다녀오기도 했다. 그리고 교육용 로봇 업체들과 함께 전시회나 로봇대회를 개최하면서 우리나라 로봇산업 저변 확대를 위해 작지만 일조해왔다고 자부한다. 이러한 활동을 하면서 로봇계에 계신 분들을 알게 되었고 이것이 로봇신문을 창간한 하나의 계기가 되었다.

우리나라는 미국, 일본, 독일에 이어 세계 4대 로봇강국이다. 지금은 국내 로봇산업 규모가 2조 원대지만 정부는 2022년까지 로봇산업을 25조 원 규모로 육성하겠다는 로드맵을 발표하였다. 세계 로봇 선도 국가들의 기술 개발과 시장, 미래 가능성을 종합해 보면 향후 몇 십년간 세계 로봇산업은 꾸준하게 큰 폭의 성장을 해나갈 것으로 예상된다.

필자가 근무했던 신문사가 지난해 창간 30주년을 맞았다. 그리고 필자의 나이는 올해 50이다. 남은 인생을 로봇과 함께 하겠다는 마음으로 30년의 미래를 보고 지금은 작은 출발이지만 로봇신문을 만들었다.

"자동차 다음은 로봇이다!!" 이것이 '왜 로봇인가?'에 대한 나의 답이다.

한번에 배우는 로봇역사

세계 로봇 역사 | 한국 로봇 역사

1921년

로봇이라는 어원 탄생
(카렐 차페크 Rossum's Universal Robots)

카렐 차페크(1890.1.9.~1938.12.25)

1927년

미국 영화 **메트로폴리스**에서
복제인간 마리아 로봇이 최초 등장

1942년

아이작 아시모프 단편소설
런어라운드(Runaround)에서
로보틱스 용어 처음 사용, 로봇 3원칙 발표

아이작 아시모프(1920.1.2 ~ 1992.4.6)

1951년

일본 만화계의 대부
테즈카 오사무가 소년 이란 잡지에
아톰 대사(후에 무쇠팔 아톰으로
변경) 연재 시작

일본 만화계의 신이라 불리는
테즈카 오사무(1928.11.3~1989.2.9)

월간지 소년에 1951년 4월호부터
게재한 연재만화 아톰대사

1956년

조지 데볼, 조셉 엥겔버거 최초의
로봇제조회사 유니메이션사를 설립하고
산업용 로봇인 **유니메이트(Unimate)** 개발

최초의 산업용 로봇 유니메이트

조셉 엥겔버거

1958년

미국 컨솔리
데이티드컨트롤사
산업용로봇
시제품 발표

1961년

1961년 미국 제너럴 모터스(GM)는
유니메이션사의 산업용 로봇 유니메이트를
대량으로 구입하여 뉴저지공장 생산라인에
설치하여 기어손잡이, 핸들 등 인테리어를
위한 하드웨어 생산라인에 이용

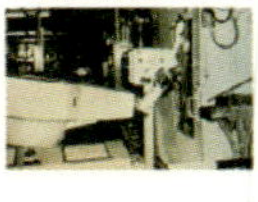

1962년

미국 AMF(American Machine and Foundry)는
캔턴에 위치한 포드 자동차 공장에 최초의
원통형 로봇인 **Versatran** 설치.
이 로봇의 이름인 Versatran은 Versatile Transfer라는
단어에서 유래

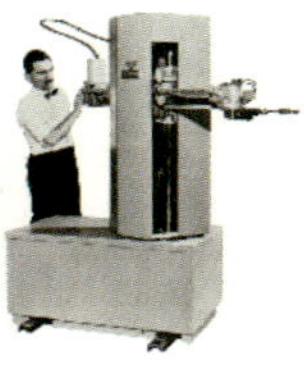

1963년

일본 최초의 거대로봇을 만화로 그린
철인 28호 연재 (요코야마 미쓰테루 원작)

1963년

일본 애니메이션 철완 아톰 탄생
(4년간 193회에 걸쳐 TV로 방영)

1966년

일본 와세다대,
두발로 걷는 로봇
세계 최초 개발

1967년

일본 가와사키
중공업이
유니메이션사의
산업용 로봇
유니메이트를
일본에서 생산 할 수
있는 라이센스 획득,
이를 통해 일본
로봇산업 시작

1968년

일본 와세다대,
세계최초의
걷는 로봇
WL03 개발

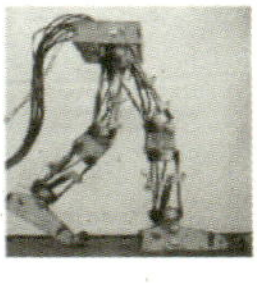

1921 · 1927 · 1942 · 1951 · 1956 · 1958 · 1961 · 1962 · 1963 · 1966 · 1967 · 1968

1969년

스탠퍼드대 빅터 샤인만 교수, 최초의 로봇 팔인 **스탠포드 암(Stanford Arm) 제작**

1973년

수직 다관절 로봇 세계최초 상용화 (스웨덴 ABB)

1973년

미국 신시내티 밀라크론이 마이크로 컴퓨터에 의해 작동하는 최초의 산업용 로봇 T3 상용화 및 출시

1972년

일본 마징가Z 탄생(나가이 고 원작)

1974년

첫 번째 아크 용접로봇, 일본에서 개발 기와사키는 Unimate의 스폿용접 로봇을 이용해 오토바이 프레임을 제조하는 아크용접 로봇 개발, 이들은 로봇이 힘 센서가 장착된 Hi-T-Hand도 추가

1974년

그레이트 마징가 탄생

1975년

Olivetti **SIGMA** 조립공정에 적용된 최초의 직교좌표 로봇 Olivetti의 SIGMA 로봇은 두손으로 조립하던 작업에 적용

1976년

김청기 감독 극장용 애니메이션 **로보트태권V** 국내 개봉

1980년

원통좌표형 핸들링용 로봇 **카이젬(KAISEM)** 1호기 연구용으로 개발 (KAIST 변증남 교수팀)

1969 · 1970 · 1972 · 1973 · 1974 · 1975 · 1976 · 1978 · 1979 · 1980

1969년

GM, 로즈타운 조립공장에 첫 번째 용접로봇 설치 유니메이션 로봇은 더럽고 위험한 차체용접 생산성을 90%이상 향상

1969년

노르웨이 Tralfa, 최초의 상용 도장로봇 제공 Tralfa는 노동력이 부족했을 당시 사내에서 사용하기 위한 외바퀴 손수레의 페인트칠을 위한 **도장로봇** 개발

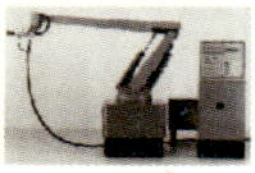

1970년

스탠퍼드 리서치 인스티튜트 인터내셔널이 최초의 인공지능 이동 로봇 **셰키(Shakey)** 개발

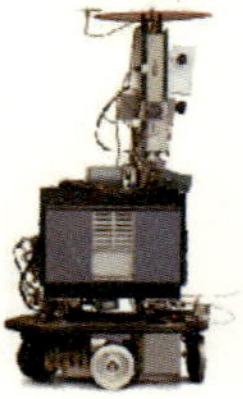

1973년

일본 와세다대 이치로 가토 교수, 세계 최초의 휴머노이드 로봇 **와봇 - 1**(WABOT-1, 와세다 로봇-1) 개발

1976년

우주선 바이킹 1, 2호 탐사 작업에 로봇팔 사용

1978년

국내 최초로 현대자동차 울산공장에 일본 도요다 다점용접 로봇 도입

1978년

국내 첫 실험용 산업로봇인 **머니퓰레이터를 개발** (KAIST변증남 교수팀)

1978년

유니메이션사, 수직다관절 로봇 PUMA 로봇 개발

1979년

일본 야마시나대, 수평 다관절로봇 SCARA 로봇 개발

1981년

대우중공업 고유모델 1호기 로봇 국산화 성공

1981년

미국 PaR Systems, 최초의 산업용 **갠트리** 로봇 도입 여러 로봇을 대체할 수 있는 갠트리 로봇은 큰 운동범위를 제공한다는 특징이 있음

1981년

캐나다암 최초로 우주왕복선에 설치

1981년

카네기멜론대 **직접구동(Direct Drive)** 로봇개발

1983년

제1회 마이크로 마우스 대회 개최

1983년

미국 스리마일섬 원전사고에 최초로 로봇 투입 (Three Mile Island Accident)

1984년

대우중공업 아크용접용 소형5축 수직관절로봇 **노바10** 개발

1984년

일본 와세다대 **와봇2** 개발

1985년

심해용 로봇 대서양에 침몰한 인도여객기 블랙박스 회수

1986년

국산 제조업용 로봇 (노바-10) 생산 개시

1986년

혼다, 실험용 인간형로봇 E0 개발

1988년

LG산전에서 4축 스카라로봇 자체 개발하여 상용화

1991년

미국 iRobot사 우주탐사용 로봇 **Genghis** 개발

1992년

단테1, 남극 활화산 에리버스 분화구 탐사

1992년

스위스 Demaurex, 폴랜드에 최초의 델타로봇 판매 첫 번째 어플리케이션은 6대의 델타로봇이 과자를 트레이에 이송시키는 작업

1993년

생산기술연구원, 국내최초로 전방향 무인반송차 개발

1994년

과학기술연구원 인간형 로봇 센토 개발 착수 (1999완료)

1994년

NASA, 카네기멜론대 로봇연구소가 제작한 **단테2** 탐사 로봇, 알래스카 스퍼산에서 화산재 등 탐사

1995년

로봇축구 창안 - 로보월드컵 창설 (KAIST 김종환 교수)

1995년

프레드 몰(사진)과 존 프로드, 수술로봇회사 인튜이티브 서지칼 설립

1996년

생산기술연구원, 소형 미장로봇 개발

1996년

대우조선해양, 러시아 IMTP와 공동으로 국내최초 무인잠수정 옥포 6000UUV 개발

1996년

HONDA, 최초의 인간형 직립보행 로봇 P2 탄생

1997년

LG산전, 대우중공업, 기아정공 등 대기업 제조용 로봇사업 철수

1997년

세계로봇축구연맹(FIRA) 창설 (KAIST 김종환 교수)

1997년

제1회 로보컵대회 개최 (일본 나고야)

1997년

나사 화성탐사선 패스파인더 화성에 착륙·탐사 로봇 소저너 (Sojourner) 로버 화성 탐사에 나서 화성탐사 및 다른 행성들의 사진 지구로 전송

1997년

혼다 10년간의 극비작업 끝에 인간처럼 걷고 계단을 오르는 휴머노이드 로봇 P3 공개

1998년

스웨덴 ABB, 세계에서 가장 빠른 로봇 **FlexPicker** 개발
ABB의 델타로봇은 이미지 기술을 사용하여 초당 10m의 속도로 1분에 120개체를 이송

1998년

일본 해양연구소(JAMSTEC) 무인잠수정 **우라시마(Urashima)** 개발

1998년

스위스 Gudel 곡선 트랙 갠트리 시스템 **RoboLoop**는 순환하는 곡선 시스템에 적용할 수 있는 공장자동화를 위한 새로운 가능성을 창조

2000년

일본 자동차기업 혼다 차세대 휴머노이드 로봇 **아시모** 공개

2000년

폭발물처리용 소형로봇 **타론 EOD**, 보스니아작전때 처음 실전 투입

2001년

한울로보틱스, 국내 최초 홈 로봇 **아이꼬마** 발표 (삼성전자와 공동 개발)

2001년

퍼스널로봇 기반기술개발로 지능형로봇 지원 착수(산자부)

2001년

대장 내시경 로봇 **미로** 개발 – KIST

2001년

첫 인공지능로봇 **아미** 개발
KAIST 양현승 교수

2002년

국산 저고도 정찰용 무인항공기(UAV) **송골매(RQ-101)** 군단급 부대 배치

2002년

로보스타, 차세대 직각 좌표 로봇 **샤프트 리니어** 로봇 개발

2002년

삼성중공업, **형강절단 자동화 로봇** 개발

2002년

캐릭터완구업체인 지나월드가 로봇 장난감 **마이크로펫** 국내 시판
마이크로펫은 세계적 장난감 제조사인 토미(Tomy)가 만든 첨단 음성인식 애완동물 시리즈로 크기 3.5cm

2002년

휴머노이드 로봇 **KHR-1** 개발 (KAIST 오준호 교수)

2002년

KIST 김문상 박사팀, 유진로봇과 인공 팔과 무한궤도(캐터필러)를 갖춘 위험작업용 로봇 **롭해즈** 개발

1998 1999 2000 2001 2002

1999년

KIST 사람의 상체를 구현한 휴머노이드 로봇 **센토(Centaur)** 개발

1999년

로보틱스연구조합 설립

1999년

소니 애완견 로봇 출시

1999년

미국 인튜이티브서지컬 **다빈치 수술로봇** 개발

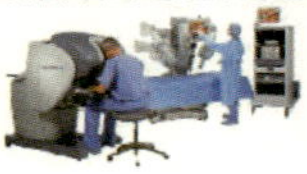

2000년

독일 로봇연구소 IRM, 인간형 로봇 **롤린 저스틴(Rollin Justin)** 개발

2000년

아이로봇 팩봇(PackBot) 세계무역센터 붕괴에 20여대의 수색, 구조로봇 투입

2001년

캐나다 암2 국제우주 정거장에 설치

2001년

세계 최초 대륙간 원격수술 성공 (미국–프랑스)

2002년

도시바 청소로봇 일본에서 처음 시판
(스웨덴의 일렉트로룩스와 공동개발, 판매가격 28만엔)

2002년

카네기멜론대학 제작한 Social(사회성) 로봇 **그레이스** 등장

2002년

미국 아이로봇사, 이집트 피라미드 로봇 탐사
이집트 쿠프왕 피라미드의 비밀을 푸는 탐사에 쓰인 **피라미드 로버(Pyramid Rover)**

2002년

제2의 걸프전에 미국 무인정찰로봇 투입

2002년

로보너트 B 발표

2002년

미국 아이로봇사 청소로봇 **룸바(Roomba)** 출시

2003년
한울로보틱스,
청소로봇 **오토로** 개발

2003년
한국지능로봇산업협회 설립

2003년
한국로봇학회 설립

2003년
로보티즈 로봇전용 액츄에이터
다이나믹셀(DYMAMIXEL) 출시

2003년
10대 차세대
성장동력으로 선정

2003년
21C 프런티어사업 추진

2003년
삼성전자 청소로봇
쿠르보(Crubo) 발표

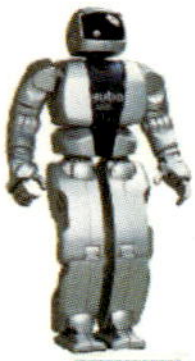

2004년
KAIST, 한국형
휴머노이드 로봇
휴보 개발

2004년
유진로봇 홈로봇
아이로비 출시

2004년
위험작업 로봇 **롭해즈(Robhaz)**
이라크 자이툰 부대 파견

2005년
유진로봇 청소로봇 **아이클레보** 출시

2005년
다빈치 수술로봇 국내 최초 도입

2005년
KAIST 알버트 **휴보** 개발

2005년
KAIST 알버트 **휴보** 개발

2005년
KIST 유재범 박사팀이
2족 보행로봇 **마루, 아라**
발표

2006년
제 1회 로보월드 개최

2006년
유진로봇 세계최초의
네트워크를 이용한
유비쿼터스 로봇
아이로비 큐(iRobi Q) 개발

2006년
독일 KUKA,
최초의 경량 로봇
제시로봇 및
메카트로닉스 연구소
DLR과 KUKA가
공동 개발한 경량로봇은
알루미늄으로 구성

2007년
로봇윤리헌장 초안 작성
(과학자, 의사, 심리학자, 변호사,
공무원 등 각계인사 12명을 중심)

2007년
한국해양과학기술원(KIOST)
6000톤급 심해탐사용 **ROV** 개발

2007년
일본 와세다대학 가사지원용과
환자보조용 로봇
트웬디-원(TWENDY-ONE) 개발

2007년
미국 DARPA 어반 챌린지 대회 개최
무인차량로봇경진대회

2003 — 2004 — 2005 — 2006 — 2007 — 2008

2003년
KIST, 대장내시경
로봇 **미로** 개발

2003년
대우조선, 로봇사업 진출
300억 투입

2003년
KAIST
변증남 교수팀
눈동자의 움직임
만으로 로봇 팔과
연결된 컴퓨터를
조작할 수 있는
장애인
재활로봇 개발

2003년
현대중공업, 국내 최초로
산업용 로봇 부분에서
국제공인 안전규격인
UL인증 획득

2003년
LG전자
V-R3000 청소로봇
국내최초 양산화

2004년
미국 국방부는 로스앤젤레스에서
라스베이거스까지 제1회
무인자동차 경주대회 개최

2004년
미국 NASA의
화성탐사로봇 **스피릿** 및
오퍼튜니티 화성착륙

2004년
캘리포니아대 연구팀,
사람다리의 외골격
기능을 할 수 있는
BLEEX 로봇다리
발표

2004년
일본 Motoman,
최대 38축까지 4대의
로봇을 동기화 제어하는
향상된 로봇 제어
시스템 (NX100)
도입 NX100 프로그래밍
팬던트는 터치스크린
디스플레이를 갖추고
있으며 WindowsCE
시스템을 기반으로
운용

2005년
KAIST 사람이 탈수 있는
탑승형 2족 보행 로봇
휴보 FX-1 개발

2005년
포항지능로봇연구소
설립

2005년
산업자원부
로봇산업팀 신설

2005년
도요타자동차 파트너 발표

2005년
도요타자동차,
세계최초의 탑승형 로봇
아이풋(i-FOOT) 개발

2006년
이탈리아 Comau, 최초의
무선 **티칭펜던트(WiTP)**
개발 케이블에 연결되어
통신하던 로봇시스템에
무선 기술을 적용하여
조작자에게 자유로움을
더했으며 절대 안전을 보장

2006년
일본 P.A테크놀로지
사카키바라 키카이사
탑승형 로봇 **랜드워커** 발표

2008년
통합 한국로봇산업협회
창립 총회 개최

2008년
한국생산기술연구원
한국형 견마로봇 **진풍** 개발

2008년
다사로봇(현 동부로봇),
애완견 로봇 **제니보** 출시

2008년
한국생산기술연구원
서비스 로봇**세로피(Seropi)**개발

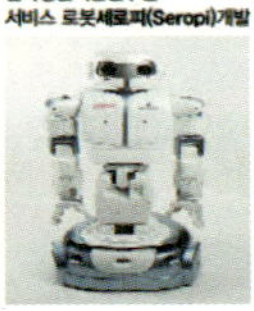

2009년
제1차 지능형 로봇 기본계획 수립

2009년
재난현장에서의 인명탐지를 위해 **뱀로봇** 개발 (원자력연구소)

2009년
KAIST **휴보2** 개발

2010년
NASA, 로봇우주인 **로보너트(RoboNaut) 2** 발표

2010년
일본 화낙, **학습 제어 로봇** 발표

2010년
한국생산기술연구원, 국내최초의 **덱스트러스**(손가락형) 방식의 로봇손 KITECH HAND 개발

2011년
프랑스 알데바란로보틱스 휴머노이드 로봇 **나오(NAO)** 개발

2011년
NASA, **로보너트(RoboNaut) 2** 우주정거장(ISS)에 파견된 최초의 로봇 우주인

2011년
미국 버지니아 공대 데니스 홍 교수, 세계최초의 시각장애인용 자동차 개발

2011년
로보티즈, PC기반 연구용 로봇플랫폼 **다윈-OP(DARwIn-OP)** 출시

2011년
지경부 : 로봇팀 → 로봇산업과 확대 개편

2012년
지식경제부 로봇 미래전략 (2013~2022) 발표

2012년
한국로봇융합연구원 개편 (포항지능로봇연구소)

2012년
SKT, 유아교육 스마트로봇 **알버트** 출시

2012년
화성탐사 로봇 **큐리오시티** 화성 착륙

2013년
지경부 로봇산업과 신설

2013년
로봇전문 미디어 **로봇신문 창간**

2013년
SKT, 스마트로봇 **아띠** 판매 시작

2013년
NASA 인간형 로봇 **발키리** 개발

2009 2010 2011 2012 2013

2006년
미국 보스턴 다이나믹스 인간형 로봇 **펫맨** 개발

2006년
일본 자동차제조업체 도요타 파트너2 개발(달리기 가능)

2006년
미국 방산업체 록히드마틴 웨어러블 로봇 **헐크(HULC)** 개발

2010년
한국로봇산업진흥원 개원

2010년
한국생산기술연구원, 군사용 입는 로봇 **하이퍼 1** 개발

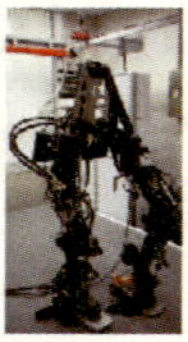

2010년
한국생산기술연구원 인조인간로봇 **에버3** 개발

2011년
KT 유아교육용 로봇 **키봇** 출시

2011년
KIST, 감정교류로봇 **키보** 발표 (한국 세번째로 개발된 두발로봇)

2011년
KT 교육용로봇 **키봇 2** 출시

2011년
한국전자통신연구원(ETRI), 유진로봇 · 위드로봇과 공동으로 노인 돌봄 로봇(**실버케어 로봇**) 개발

2013년
미국 구글社 보스톤 다이나믹스, 섀프트 등 8개 로봇 기업 인수하면서 로봇 사업 진출

2013년
미국 보스턴 다이나믹스 달리기가 가능한 **와일드 캣(WildCat)** 로봇개발

2013년
DARPA Robotics Challenge Trial 경기

2013년
일본 토요타, 세계 최초의 반려 우주 로봇 **키로보** 개발 키 34cm에 몸무게 1kg 정도인 미니 로봇으로 간단한 대화 가능

2014년 동부로봇, 중국에 매각

2014년 한화, 삼성테크윈 등 4개 기업 인수

2014년 세월호 사고에 수중로봇 크랩스터 투입

2014년 SKT, 아이리버 인수

2014년 제2차 지능형 로봇 기본계획 수립 발표

2014년 미국 FDA 세계 최초로 생체 로봇팔 판매 승인

2014년 일본 소프트뱅크, 감정인식 휴머노이드 로봇 페퍼(Pepper) 개발

2014년 미국 MIT대, 가정용 로봇 지보(Jibo) 개발

2014년 인텔 휴머노이드 로봇 지미(Jimmy) 개발

2015년 한국로봇산업진흥원 청사 준공(대구)

2015년 수중건설로봇 복합실증센터 착공(포항)

2015년 경남, 로봇비즈니스벨트 조성사업 본격 추진

2015년 카이스트 휴보 세계재난 구조 로봇대회 DRC 우승

2015년 KIST, 한국형 달탐사 로버 기술검증모델 공개

2015년 SKT, 5G로봇 최초공개

2015년 근대 로봇의 아버지 조셉 F. 엥겔버거 타계

2015년 일본 로봇신전략 발표

2015년 구글 자율주행자동차 시내주행 개시

2015년 델파이 로봇카, 최초로 미대륙 횡단 성공

2015년 세계 최초 안드로이드 여배우 은막 데뷔

2015년 리씽크로보틱스, 신제품 소여 로봇 공개

2015년 세계 최초 로봇호텔, 일본에서 개관

2016년 제1회 사이배슬론 대회, 한국 공경철 교수팀 3위

2016년 LG전자, 공모양 롤링봇 선보

2016년 제1회 로보소프트 그랜드 챌린지 – 서울대 우승

2016년 한국미래기술 약 4m 탑승형 거대로봇 메소드-1 개발

2016년 평창 동계올림픽 로봇지원단 출범

2016년 한국형 인공지능(AI) 엑소브레인(Exobrain) 장학퀴즈에 도전

2016년 로봇산업진흥원, 로봇 분야 KS인증 기관 지정

2016년 로봇산업진흥원, 로봇 분야 KS인증 기관 지정

2016년 로봇 국제학술대회 IROS2016 대전 개최

2016년 오므론 탁구 로봇 포페우스 세계 최초 탁구 코칭 로봇 기네스 인증

2016년 폴란드 수중 로봇, 세계에서 가장 깊은 수중 동굴 발견

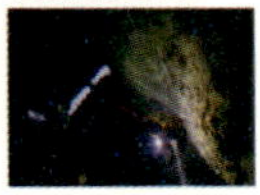

2014 2015 2016

2016년 샤프, 모바일 로봇 로보혼 판매 개시

2016년 글로벌 뉴스통신사 AP, 로봇 기자가 프로 야구 기사 작성

2016년 독일 산업용 로봇기업 쿠카, 중국 메이디그룹에 매각

2016년 테슬라, 자율주행차 인명 사고

2016년 골프 로봇 엘드릭(LDRIC) 첫 홀인원 기록

2016년 수질 관리하는 싱가포르 로봇 백조 뉴스완(NUSwan) 싱가포르 국립대 개발

2016년 ISO, 협동로봇 안전규격 발표

2016년 중국 로봇산업발전계획 발표

2017년 인간중심 소프트 로봇 기술연구센터(SRRC) 개소(서울대)

2017년 휴보, 올림픽 최초 로봇 성화 봉송

2017년 두산그룹, 한화테크윈 **협동 로봇** 사업 진출 선언

2017년 로봇산업 기술로드맵 발표

2017년 인천 로봇랜드 로봇타워 및 R&D센터 준공 및 개소

2017년 LG전자, 로봇사업 진출 공식 선언 CES 2017에서 전략 제품 공개

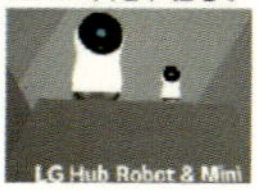

2018년 지능형 로봇법 국회 통과

2018년 평창 동계 올림픽 로봇 올림픽으로 승화

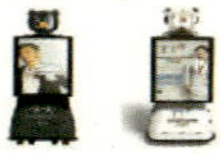

2018년 미래컴퍼니 복강경 수술로봇 **레보아이** 공식 론칭

2018년 중국에 코리아 로봇센터 개소

2018년 KIST 미세수술 로봇 닥터 허준 전임상 시험 성공

2018년 노보텔 앰배서더 국내 최초 인공지능호텔 서비스 구현

2018년 세계 최초 스키로봇 챌린지 대회 개최(평창)

2018년 세계 최초 인공지능 컬링 로봇 개발

2018년 다날, 로봇카페 **비트** 출시

2018년 협동로봇 설치 안전인증제도 확정

2018년 국내 최초 철도경찰 로봇 **네오** 발대식

2019년 로봇산업육성전략 보고회 개최

2019년 제3차 지능형 로봇 기본계획 발표

2019년 마산로봇랜드 개장

2019년 삼성전자 요리 보조 로봇 **삼성 봇 셰프** 미국CES 공개

2017 — 2018 — 2019

2017년 소프트뱅크, 보스턴다이나믹스 샤프트 인수

2017년 소니 **아이보** 신형 개발 24개의 관절을 갖고 있으며 다양한 동작센서를 갖춰 사람과 교감 가능

2017년 아이로봇, 가정용 청소 로봇 2천만대 판매 돌파

2017년 중국 AI 로봇, 중국 의사 시험 통과

2017년 두바이 경찰청, 인공지능 로봇 경찰관 세계 첫 도입

사우디아라비아, AI로봇 **소피아**에 첫 시민권 부여

2018년 우버 자율주행차 인명 사고 발생

2018년 건축 로봇, 세계 처음으로 단독 주택 건설

2018년 중국 **이항** 승객 태우고 드론 시험 비행 성공

2018년 레고 블록 1백만개로 만든 실제 크기 명품 자동차 **부가티 시론** 2명 탑승 가능

2018년 리싱크로보틱스, 지보 등 로봇 스타트업 몰락

2018년 중국 미녀 로봇 **자자(JIA JIA)** 1시간 만에 1만개 판매 돌풍

2018년 피자헛, 자동차에서 피자 만드는 로봇 기술 공개

2018년 일본 혼다 2족 보행 로봇 **아시모** 개발 중단

2019년 화성 탐사 로버 **오퍼튜니티** 영면에 들다 2004년 이후 15년간 화성 탐사 활동

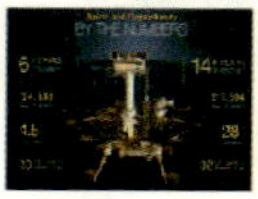

2019년 싱가포르, 로봇밀도 세계1위 차지

2019년 미국 보스톤 다이나믹스, 4족 보행로봇 **스팟(Spot)** 출시

로봇신문 조규남 칼럼집

로봇이 있어 행복한 세상

2020년 1월 10일 초판 1쇄 발행

저자 조규남
발행인 송광헌
편집 이재욱
표지 문한나

임프린트 복두성
펴낸곳 복두출판사
출판등록 | 1993년 11월 22일 제10-902호
주소 | 서울 영등포구 경인로82길 3-4 807호(문래동 센터플러스)
전화번호 | 02-2164-2580 팩스 | 02-2164-2584
이메일 | info@@bogdoo.co.kr
홈페이지 | www.bogdoo.co.kr

ISBN 979-11-5906-606-1 03550

값 15,000원

복두성은 복두출판사의 임프린트입니다.